生物安全知识

● 顾 华 翁景清 主编

浙江科学技术出版社 浙江文艺出版社

编 委

（按姓氏笔画排序）

王景林　　中国人民解放军军事科学院军事医学研究院
卢廷高　　浙江省林业科学研究院
杨再峰　　浙江省医学科技教育发展中心
吴蓓蓓　　浙江省疾病预防控制中心
辛文文　　中国人民解放军军事科学院军事医学研究院
汪江连　　中国计量大学
张琪峰　　浙江省医学科技教育发展中心
陈友吾　　浙江省林业科学研究院
陈恩富　　浙江省疾病预防控制中心
郑炳松　　浙江农林大学
赵灵燕　　浙江省动物疫病预防控制中心
俞云松　　浙江大学医学院附属邵逸夫医院
施旭光　　浙江省疾病预防控制中心
姜孟楠　　中国疾病预防控制中心
姚航平　　浙江大学医学院附属第一医院
顾　华　　浙江省医学科技教育发展中心
徐　辉　　浙江省动物疫病预防控制中心
翁景清　　浙江省医学科技教育发展中心
龚震宇　　浙江省疾病预防控制中心
康　琳　　中国人民解放军军事科学院军事医学研究院
潘金仁　　浙江省疾病预防控制中心
魏　强　　中国疾病预防控制中心

前　言

　　生物安全是当前国际社会高度关注的非传统安全内容,对人类社会的生存和发展具有极其深刻的影响。近年来,全球不断发生"非典"、人感染H7N9高致病性禽流感、实验室泄露和人员感染、生物恐怖袭击、新型冠状病毒肺炎等生物安全事件,对人类健康、生态环境、经济发展和社会稳定产生了巨大影响,各国政府都将生物安全问题上升到国家安全战略,颁布相关法律法规,制定出台了与生物安全相关的规划,加快提高生物安全防御能力。

　　为适应我国生物安全面临的新形势、新问题、新任务,2020年10月17日,《中华人民共和国生物安全法》(以下简称《生物安全法》)经十三届全国人大常委会第二十二次会议审议通过,于2021年4月15日起施行。《生物安全法》系统梳理、全面规范了各类生物安全风险,明确了生物安全风险防控体制机制和基本制度,填补了生物安全领域基础性法律的空白,有利于完善生物安全法律体系,对于提升我国生物安全防御水平具有极其重要的作用。

　　由于生物安全知识内容广泛、技术难度大、管理要求高,为了帮助广大领导干部和相关业务工作者更好地了解《生物安全法》有关知识,我们主要从防控重大新发突发传染病、动植物疫情、生物技术研究与开发及应用安全、病原微生物实验室生物安全、人类遗传资源与生物资源安全、防范生物恐怖与生物武器威胁等方面进行系统阐述,希望读者通过阅读本书能够对生物安全基本概念、内容和工作方法有所了解。

　　由于时间仓促,能力和水平有限,书中不足和错误难免,恳请广大读者批评指正。

编著者

2021年4月

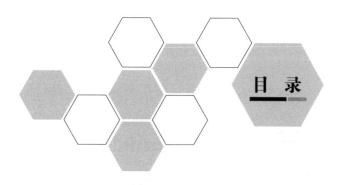

目　录

第一章　生物安全及法律规制概述

生物安全已成为国际社会最关注的非传统安全之一,不仅影响个体生命安全,更关乎国家公共安全,关乎全人类安全。21世纪以来,生物安全对人类社会生存和发展的影响日益显著,已成为维护国家总体安全的重大新兴战略。近年来,全球不断发生生物恐怖袭击、生物武器事件和生物意外事故,特别是严重急性呼吸综合征(又称非典型肺炎,SARS)、人感染H7N9禽流感、新型冠状病毒肺炎(COVID-19)等传染病对人类健康、生态环境、经济发展与社会安定带来了极其巨大的影响。国际社会、地区和各国政府进一步认识到生物安全形势的严峻性、重要性、紧迫性和艰巨性,纷纷将生物安全上升为国家安全战略,不断加强生物安全战略部署,制定出台了生物安全战略及其相关的实施规划,并颁布了相关法律法规,从制度上建立健全了生物安全风险防范机制,提高了生物安全防御能力。

近年来,我国重大新发突发传染病及动植物疫病等传统生物威胁频频发生,生物技术误用谬用等非传统生物威胁凸显。针对生物安全涉及领域广、发展变化快,但长期以来生物安全相关法律法规比较零散和碎片化,大部分都仅对单个具体的生物安全风险进行规范,多数效力层级较低,很多已经不能完全适应实践需要,有些领域还缺乏法律规范。为适应我国生物安全面临的新形势、新问题、新任务,制定一部具有基础性、系统性、综合性和统领性的生物安全法势在必行。经过两年多时间的准备,2020年10月17日,《中华人民共和国生物安全法》(以下简称《生物安全法》)经第十三届全国人民代表大会常务委员会第二十二次会议审议通过,自2021年4月15日起施行。《生物安

全法》系统梳理、全面规范了各类生物安全风险,明确了生物安全风险防控体制机制和基本制度,填补了生物安全领域基础性法律建设的空白,有利于完善生物安全法律体系,对于提升我国生物安全防御水平具有极其重要的作用。本章将结合《生物安全法》的主要内容介绍生物安全相关概念、原则、制度等内容。

第一节 《生物安全法》的基本概念与适用范围

一、生物安全的概念

对生物安全有狭义和广义两种定义。狭义的生物安全(biosafety)是指防控因管理不善、操作不当致使有害生物意外泄漏或环境释放、跨国转移所造成的危害,主要关注生物因子导致的意外事故的防控。广义的生物安全(biosecurity)是"免遭生物攻击和侵害的管理与控制过程",既包括意外事故又包括蓄意行为。也有人认为,广义的生物安全是指包括一切对生物活动可能造成人类健康与环境安全问题的预防和控制。广义的生物安全适用范围更广,除了用于重大传染病疫情,还适用于生物恐怖威胁、非法使用病原微生物或非和平目的应用生物技术等非法行为的防范与控制。

生物安全的核心目的是保证人的生命安全,因此,生物安全是国家的生命工程。从国家安全角度来理解,生物安全是指全球化时代国家有效应对生物及生物技术的影响和威胁,维护和保障自身安全与利益的状态及能力。

法学意义上的生物安全概念,更强调其价值的正当性。亦即,应当将生物安全的界定放在生态学与伦理学层面予以思考,生物安全本身就是一种价值目标追求。生物安全的主要价值,重在强调人类开展生物技术研究与应用,以应对外来物种入侵和生物多样性保护所需要达到的安全为最终目标。生物安全问题的本质是由生物科技衍生出来的,它从单纯的生物科学问题衍生成了社会发展问题、伦理道德问题以及生态均衡问题。因此,法学意义上的生物安全概念之界定,必须回应它与法的自由、秩序和正义等价值目标的关系,或者说要在前述价值目标上予以权衡与取舍。

《生物安全法》对生物安全这一概念的界定正是按照这种价值导向思维的方式进行的。该法第二条第一款规定,本法所称生物安全,是指国家有效防范和应对危险生物因子及相关因素威胁,生物技术能够稳定健康发展,人民生命健康和生态系统相对处于没有危险和不受威胁的状态,生物领域具备维护国家安全和持续发展的能力。

这里的生物安全是一个应然的目标概念,界定了该法所追求的生物安全之目标,包括生物技术、人民生命健康、生态系统和国家总体安全等。这一概念其实是一种不完全列举,它用的是"本法所称……是指……"的界定范式,这种界定范式并不是直接确定的界定方式,为其他学科对该概念的界定预留了空间,甚至也为本法之外的其他法律规范界定"生物安全"预留了空间。这也是一种区分式概念界定方式,既有生物科学的因素,也有社会科学的因子,它显然不同于附则中的十一个"术语"之界定,后者明显主要是从自然科学的角度予以界定,更强调其科学技术性。

二、附则中的"术语"概念

《生物安全法》第十章"附则"用了一条即第八十五条对涉及本法的十一个科学术语予以界定,具体包括:

(1)生物因子,是指动物、植物、微生物、生物毒素及其他生物活性物质。

(2)重大新发突发传染病,是指我国境内首次出现或者已经宣布消灭再次发生,或者突然发生,造成或者可能造成公众健康和生命安全严重损害,引起社会恐慌,影响社会稳定的传染病。

(3)重大新发突发动物疫情,是指我国境内首次发生或者已经宣布消灭的动物疫病再次发生,或者发病率、死亡率较高的潜伏动物疫病突然发生并迅速传播,给养殖业生产安全造成严重威胁、危害,以及可能对公众健康和生命安全造成危害的情形。

(4)重大新发突发植物疫情,是指我国境内首次发生或者已经宣布消灭

的严重危害植物的真菌、细菌、病毒、昆虫、线虫、杂草、害鼠、软体动物等再次引发病虫害,或者本地有害生物突然大范围发生并迅速传播,对农作物、林木等植物造成严重危害的情形。

(5)生物技术研究、开发与应用,是指通过科学和工程原理认识、改造、合成、利用生物而从事的科学研究、技术开发与应用等活动。

(6)病原微生物,是指可以侵犯人、动物并引起感染甚至传染病的微生物,包括病毒、细菌、真菌、立克次体、寄生虫等。

(7)植物有害生物,是指能够对农作物、林木等植物造成危害的真菌、细菌、病毒、昆虫、线虫、杂草、害鼠、软体动物等生物。

(8)人类遗传资源,包括人类遗传资源材料和人类遗传资源信息。人类遗传资源材料是指含有人体基因组、基因等遗传物质的器官、组织、细胞等遗传材料。人类遗传资源信息是指利用人类遗传资源材料产生的数据等信息资料。

(9)微生物耐药,是指微生物对抗微生物药物产生抗性,导致抗微生物药物不能有效控制微生物的感染。

(10)生物武器,是指类型和数量不属于预防、保护或者其他和平用途所正当需要的,任何来源或者任何方法产生的微生物剂、其他生物剂以及生物毒素,也包括为将上述生物剂、生物毒素使用于敌对目的或者武装冲突而设计的武器、设备或者运载工具。

(11)生物恐怖,是指故意使用致病性微生物、生物毒素等实施袭击,损害人类或者动植物健康,引起社会恐慌,企图达到特定政治目的的的行为。

前述生物安全术语,多数在自然科学技术领域,包括生物安全学领域已经形成共识,属于通说术语,也有不少术语在其他法律法规中已经出现并被定义,本法自然借鉴了其定义。总体而言,作为法律上的科学术语,其界定必须满足科学规律性与社会接受性,在最大化共识的基础上从语义规范性方面予以界定,其目的就是免于概念歧义,本法就是循此原则予以界定的。

三、本法适用范围

《生物安全法》主要适用范围包括八个方面:

1.防控重大新发突发传染病、动植物疫情

重大新发突发传染病属于突发公共卫生事件,应当成为本法调整对象,纳入本法适用范围,比如2003年的SARS事件,2020年的新冠病毒肺炎等。重大新发突发动植物疫情,如疯牛病、口蹄疫、禽流感等。凡属重大新发突发导致人、动物或植物疫情的,皆应纳入本法规制的范围。

2.生物技术研究、开发与应用

对生物技术的研究、开发与应用,比如克隆、基因编辑、生物智能等皆应有所规制,设定法律的边界,避免出现生物技术危机,防止导致人类沦为对象化与客体化局面的出现。

3.病原微生物实验室生物安全管理

应对于从事使人或者动物致病的病原微生物菌(毒)种、样本有关的研究、教学、检测、诊断等活动的实验室予以规制。当然本法仅做基础性、一般性的规定,细化的法规需要通过对其他规范进行修订或制定新的法律法规的方式予以解决。

4.人类遗传资源与生物资源安全管理

这里包括人类遗传资源材料和相关信息。人类遗传资源直接关涉个体的人格尊严、生存权、隐私权和数据权利。生物资源主要是指生物遗传资源,即对人类具有现实和潜在价值的基因和物种的总和,包括植物、动物、微生物资源和人类遗传资源。具有战略意义和生物安全始源性的生物资源,应当纳入到本法适用的范围。

5.防范外来物种入侵与保护生物多样性

早在1962年著名学者蕾切尔·卡逊就在《寂静的春天》一书中警告,人类对自然过程的干预会对全体生物造成显著的威胁。其中,外来物种入侵就是这种干预活动,它是指"某种生物从其原栖息地因人类带入而到了新的生态系统环境中,不断繁殖、扩散,进而对该生态系统构成威胁与破坏的生物现象"。外来物种入侵导致生态平衡被破坏,生物多样性被冲击,还会导致经济损失,损害人身健康,甚至实质性消解一个民族的文化,属于风险社会应重点防范的生物安全问题。本法基于保护生物多样性的需要,从基本法律层面上

防范和化解外来物种入侵。

6.应对微生物耐药

世界卫生组织总干事谭德塞曾指出："抗微生物药物耐药性是当今时代面临的最大健康挑战之一。"世界卫生组织表示,在人类、动物和农业领域误用和滥用抗微生物药物是导致抗微生物药物耐药性的主要因素。对微生物耐药的防范,是人类得以有效治疗疾病之基础,自然应成为《生物安全法》的重要调整对象。

7.防范生物恐怖袭击与防御生物武器威胁

生物技术为恐怖分子所用,就成为生物恐怖袭击的武器。这些生物武器主要是一些生物毒剂,如鼠疫菌、炭疽杆菌、天花病毒、病毒性出血热病毒等。将防范生物武器及其恐怖袭击纳入《生物安全法》,制定极为规范的法律制度予以治理是非常必要的。

8.其他与生物安全相关的活动

第八项是通常的兜底条款,以保障立法的周延性,不至于出现法律规制范围上的漏洞。

上述内容归纳起来主要包括"四防两保",即防控传染病和动植物疫情、防止生物技术滥用(误用和谬用)、防范生物恐怖袭击、防御生物武器威胁,保护生物遗传资源与生物多样性、保障生物实验室安全。

第二节 《生物安全法》的基本原则与治理要求

《生物安全法》是我国生物安全领域的基础性、统领性法律,是防范和应对生物安全风险、保障人民生命健康、保护生物资源和生态环境、维护国家安全的一部重要法律,对于指导国家生物安全领域的法治工作起到提纲挈领的作用。该法的出台,有助于从法律制度层面解决我国生物安全管理领域存在的问题,有助于确保生物技术健康发展,有助于保护人民生命健康,有助于维护国家生物安全。

《生物安全法》分为十章,主要可以分为六部分。第一部分是第一章"总则",主要阐述了《生物安全法》立法的目的,生物安全的定义、地位。第二部分是第二章"生物安全风险防控体制",明确了生物安全风险防控体制建设有关内容,重点介绍了我国生物安全工作协调机制和相关的制度建设。第三部分有五章,从防控重大新发突发传染病、动植物疫情,生物技术研究、开发与应用安全,病原微生物实验室生物安全,人类遗传资源与生物资源安全,防范生物恐怖与生物武器威胁等五个重点方面介绍了具体工作要求。第四部分是"生物安全能力建设"一章,主要包括生物安全发展规划、科技研究、基础设施建设、人才培养、物资储备等方面内容。第五部分是"法律责任"一章。第六部分是"附则",主要就《生物安全法》有关术语含义进行解释。其中第一章是关于《生物安全法》的总则性条款,主要包括如下内容:

一、《生物安全法》的立法目的

《生物安全法》第一条开宗明义明确了立法的目的,规定"为了维护国家安全,防范和应对生物安全风险,保障人民生命健康,保护生物资源和生态环境,促进生物技术健康发展,推动构建人类命运共同体,实现人与自然和谐共生,制定本法"。详言之,本法有如下立法目的:

1.直接目的

(1)防范和应对生物安全风险。生物安全风险重点在预防,所以立法的首要目的是以预防为主,尽量避免风险的发生。但是,生物安全作为安全性风险,要做到绝对安全几乎是不可能的,还应制定应对风险的措施,有防有治,才能构成完整的基础性法律制度。

(2)保护生物资源和生态环境。生物资源是未来国际竞争的核心资源、战略资源。本法所要保护的生物资源主要是从国家安全角度而言的生物资源,强调稀缺性、风险性和根本性,其中在转基因生物资源方面,尤其应当重视,比如一直以来我国都与不少发达国家在种子、基因等生物资源上有着激烈的竞争,维护中国的种子安全、基因安全事关"国之根基",甚至在这个领域已经爆发了"没有硝烟的战争",我们必须保障中国的生物主权安全与发展利

益不受侵犯,尤其是在现代"生物战"的大背景下,生物安全作为新型国家安全领域,更需要法治化治理体系之保障。

(3)促进生物技术健康发展。生物技术具有两用性,引导和规范人类生物技术的研究应用走正确之路,防止和减少可能出现的危害和损失,促进生物技术健康发展,对于提升国家生物安全能力具有非常重要的意义。生物安全法的直接目的就是规范生物技术研究与应用的法治化,促进生物技术健康稳健发展。

2.根本目的

(1)维护国家安全。《生物安全法》坚持总体国家安全,明确生物安全是国家安全的重要组成部分,把生物安全纳入国家安全体系进行谋划和布局,明确生物安全管理体制机制,完善风险防控制度体系,有效防范和应对生物安全各类风险,维护国家安全。

(2)保障人民生命健康。《生物安全法》将保障人民生命健康作为立法宗旨,明确维护生物安全应当坚持以人为本的原则,在防范和应对各类生物安全风险时,始终坚持人民至上、生命至上,把维护人民生命安全和身体健康作为出发点和落脚点。

3.终极目的

(1)推动构建人类命运共同体。习近平总书记2017年1月18日,在日内瓦出席会议时,做了题为《共同构建人类命运共同体》的主旨演讲,至此,这一伟大构想开始在国际社会逐步形成影响力。生物安全具有外溢性、高风险性和全局性,全球性问题需要全球合作。中国的生物安全法治是全球生物安全法治的基础与组成部分,中国致力于推动构建生物安全领域的人类命运共同体。

(2)实现人与自然和谐共生。恩格斯告诫过世人:"我们不要过分陶醉于我们人类对自然界的胜利。对于每一次这样的胜利,自然界都对我们进行报复。"人是自然界的一部分,人与自然和谐共生是人类社会文明发展的客观要求,生物安全法的终极立法宗旨,就是要实现人与自然和谐共生这一目标。

二、生物安全法的基本原则

第三条进一步明确了生物安全的地位和原则："生物安全是国家安全的重要组成部分。维护生物安全应当贯彻总体国家安全观,统筹发展和安全,坚持以人为本、风险预防、分类管理、协同配合的原则。"《生物安全法》强调总体国家安全观,需要遵循四个基本原则:

(1)以人为本原则。生物安全风险首先是解决人类面临的风险,尽管其终极目标是人与自然和谐共生,但失去了主体性的人之安全,则这种和谐共生也将失去可能性和意义。国家的生物安全战略、政策、制度,各种生物技术的研发与应用,生物资源的利用,都应以人为中心,以人的利益为最高目标,在确保人和人类健康安全的前提下,生物安全风险的防控措施才有意义,才能被使用。

(2)风险预防原则。中国历史上一直重视疾病预防,在《黄帝内经》中就提出"圣人不治已病治未病",中华人民共和国成立后预防为主一直是我国卫生工作的方针,预防工作投入少产出大,在传染病、慢性病等疾病控制方面发挥了极其重要的作用,生物安全事件的预防也一样适用。

(3)分类管理原则。根据不同的风险来源划定不同的生物安全领域,在各领域内又按照活动的风险程度和危害大小实行分类管理,明确相应的活动要求,规定不同的管理措施,遵循规律、科学应对、精准施策,可以提高管理的针对性、可操作性和效率。

(4)协同配合原则。生物安全治理与监管活动,要实行政府、社会与个人多元共治,要注意国内与国际合作与协同。生物安全是现代风险,仅靠市场自我净化或政府强势监管,都无法实质性的解决该风险,从全球角度出发,仅靠一个国家的努力也无助于风险的有效防控。尤其是在面对全球性的重大突发疫情或生物恐怖主义危险时,全球必须团结一致,协同共治,才能真正实现生物国家与国际安全。

三、生物安全领导体系和治理

1.生物安全领导体系和治理体系

《生物安全法》第四条指出：坚持中国共产党对国家生物安全工作的领导，建立健全国家生物安全领导体制，加强国家生物安全风险防控和治理体系建设，提高国家生物安全治理能力。

在立法中直接将中国共产党纳入法律条文中作为法律实施主体，这在一般立法中是很少见的，可以看出国家对生物安全十分重视。生物安全关系国家安全大局，坚持党对国家生物安全工作的领导，是生物安全治理取得成功的根本保证。

我国政府高度重视生物安全工作，2014年4月15日，习近平总书记在中央国家安全委员会第一次会议上首次明确提出了"总体国家安全观"的概念，指出要构建集政治安全、国土安全、军事安全、经济安全、文化安全、社会安全、科技安全、信息安全、生态安全、资源安全、核安全等于一体的国家安全体系。

2015年1月23日，中共中央政治局审议通过《国家安全战略纲要》，将生物安全作为实现国家核心利益的重要保证和国家战略目标的重要支柱。同年，国家安全委员会出台的国家生物安全政策明确将生物安全纳入国家战略范畴，强调生物安全是攸关政权稳定、社会安定、公众健康、经济发展和国防建设的重大问题，已日益成为大国博弈的战略制高点。

2020年2月14日，习近平总书记在中央全面深化改革委员会第十二次会议上强调："要从保护人民健康、保障国家安全、维护国家长治久安的高度，把生物安全纳入国家安全体系，系统规划国家生物安全风险防控和治理体系建设，全面提高国家生物安全治理能力。"这个全新论断丰富了国家安全体系的内容要素，是新时代维护国家安全的重大战略举措。2020年3月，习近平总书记在北京考察新冠肺炎防控科研攻关工作时强调，要把生物安全作为国家总体安全的重要组成部分，把疫病防控和公共卫生应急体系作为国家战略体系的重要组成部分。

2.鼓励生物安全科技创新

《生物安全法》第五条明确提出:国家鼓励生物科技创新,加强生物安全基础设施和生物科技人才队伍建设,支持生物产业发展,以创新驱动提升生物科技水平,增强生物安全保障能力。

经过多年发展,我国在多组学分析、基因图谱研究、合成生物学、表观遗传学、结构生物学等生物科技领域已取得重大进展,但与美国等发达国家相比仍有不小的差距。从立法上将促进生物安全基础设施和生物科技创新政策上升为法律制度,为未来中国迈向生物科技强国提供了制度支撑。

《生物安全法》全文有八处提到"科技",可见将科技创新放到了非常重要的地位,充分体现了科技创新驱动对于生物安全能力建设的重要性。习近平总书记指出"要鼓励运用大数据、人工智能、云计算等数字技术,在疫情监测分析、病毒溯源、防控救治、资源调配等方面更好发挥支撑作用",并进一步强调要着眼长远,"系统规划国家生物安全风险防控和治理体系建设,全面提高国家生物安全治理能力"。总体来看,我国生物安全领域科技创新综合实力仍然有待提高,只有深入贯彻创新驱动的科技发展战略,才能抢占生物科技制高点。为此,应通过资助新技术基础研究和以投资的方式加快生物安全相关产品的开发和生产,加强生物安全领域技术创新及产品研发,大力提高生物安全防御装备水平,药物、疫苗、诊断测试和其他治疗以及设备技术水平。强化生物安全研究开发,既可为维护国家生物安全提供有力支撑,也可以积极拓展潜力巨大的全球健康产业市场。

3.积极参与生物安全国际合作

《生物安全法》第六条明确提出:国家加强生物安全领域的国际合作,履行中华人民共和国缔结或者参加的国际条约规定的义务,支持参与生物科技交流合作与生物安全事件国际救援,积极参与生物安全国际规则的研究与制定,推动完善全球生物安全治理。

2013年9月和10月,习近平总书记先后提出建设"丝绸之路经济带""21世纪海上丝绸之路"(以下简称"一带一路")倡议。"一带一路"沿线国家主要分布于东北亚、东南亚、南亚、西亚、非洲以及南太平洋,大部分国家处于虫媒

传染病高发地区。当前海上运输占国际贸易的90%以上。我国每年来自海上丝绸之路沿线国家的国际船舶达十多万艘次,占我国对外贸易量的80%以上,因此虫媒传染病及其传播媒输入的风险非常大,生物安全成为保障"一带一路"倡议实施的重要工作。生物安全有国界,但也是无国界的,新冠肺炎在全球传播充分证明了生物安全威胁是全人类需要共同面对的敌人,需要全人类联合起来共同应对,充分体现了人类命运共同体的真实需求。

4.加强生物安全知识宣传普及

《生物安全法》第七条规定:各级人民政府及其有关部门应当加强生物安全法律法规和生物安全知识宣传普及工作,引导基层群众性自治组织、社会组织开展生物安全法律法规和生物安全知识宣传,促进全社会生物安全意识的提升。相关科研院校、医疗机构以及其他企业事业单位应当将生物安全法律法规和生物安全知识纳入教育培训内容,加强学生、从业人员生物安全意识和伦理意识的培养。新闻媒体应当开展生物安全法律法规和生物安全知识公益宣传,对生物安全违法行为进行舆论监督,增强公众维护生物安全的社会责任意识。

这一条体现了《生物安全法》的协同共治原则。生物安全的治理主体是多元的,需要多主体的参与,在生物安全法律法规和生物安全知识的宣传教育普及工作上也一样。各级人民政府及其有关部门,基层性自治组织、各类社会组织、科研院校、医疗机构以及各类企事业单位,尤其是新闻媒体,有义务担负起这个责任,传播生物安全法律法规及有关知识,尤其是正确的、科学的、全面的生物安全知识和法律制度,引导公众有正确的客观的理性的生物安全认知和相应行为,避免生物安全"认知性风险"。

第三节　《生物安全法》的具体制度、措施和能力建设

一、生物安全协调机制和主要制度

1.建立完善协调机制

第十条明确提出生物安全工作的领导机制:中央国家安全领导机构负责国家生物安全工作的决策和议事协调,研究制定、指导实施国家生物安全战略和有关重大方针政策,统筹协调国家生物安全的重大事项和重要工作,建立国家生物安全工作协调机制。省、自治区、直辖市建立生物安全工作协调机制,组织协调、督促推进本行政区域内生物安全相关工作。

第十一条提出了协调机制:国家生物安全工作协调机制由国务院卫生健康、农业农村、科学技术、外交等主管部门和有关军事机关组成,分析研判国家生物安全形势,组织协调、督促推进国家生物安全相关工作。

第十二条提出了专家决策机制:国家设立专家委员会,为国家生物安全战略研究、政策制定及实施提供决策咨询。国务院有关部门组织建立相关领域、行业的生物安全技术咨询专家委员会,为生物安全工作提供咨询、评估、论证等技术支撑。

生物安全风险来源多,技术要求高、涉及部门多、防控难度大,靠单独一个部门很难有效应对,在充分发挥分部门管理的基础上,对争议问题、需要协调的问题,由协调机制统筹解决。这种多部门协调运行的工作机制既是现实需求,也可以充分发挥我国社会主义制度的优势,通过"非典"、新冠病毒肺炎等事件证明完全是有效的。

2.完善生物安全风险防控主要制度

《生物安全法》提出了我国生物安全风险防控十一项基本制度,全链条构建了生物安全风险防控的"四梁八柱",强化了生物安全全程全方位的应对系统。

第一项制度是生物安全风险监测预警制度。该项制度包括生物安全风险监测和预警两个方面。《生物安全法》明确规定，国家生物安全工作协调机制组织建立国家生物安全风险监测预警体系，提高生物安全风险识别和分析能力。

第二项制度是生物安全风险调查评估制度。该项制度包括生物安全风险调查和评估两个方面。《生物安全法》明确规定，国家生物安全工作协调机制应当根据风险监测的数据、资料等信息，定期组织开展生物安全风险调查评估。有下列情形之一的，有关部门应当及时开展生物安全风险调查评估，依法采取必要的风险防控措施：一是通过风险监测或者接到举报发现可能存在生物安全风险；二是为确定监督管理的重点领域、重点项目，制定、调整生物安全相关名录或者清单；三是发生重大新发突发传染病、动植物疫情等危害生物安全的事件；四是需要调查评估的其他情形。

第三项制度是生物安全信息共享制度。生物安全的信息共享对于人民群众的安全保障具有基础性作用。《生物安全法》明确规定，国家生物安全工作协调机制组织建立统一的国家生物安全信息平台，有关部门应当将生物安全数据、资料等信息汇交国家生物安全信息平台，实现信息共享。

第四项制度是生物安全信息发布制度。为了保障人民的生命安全，生物安全领域的知情权是十分重要的。为此，《生物安全法》明确规定，国家生物安全总体情况、重大生物安全风险警示信息、重大生物安全事件及其调查处理信息等重大生物安全信息，由国家生物安全工作协调机制成员单位根据职责分工发布；其他生物安全信息由国务院有关部门和县级以上地方人民政府及其有关部门根据职责权限发布。同时，为了防止生物安全领域可能出现的不安定因素，还规定，任何单位和个人不得编造、散布虚假的生物安全信息。

上述四项制度主要从生物安全事件信息的收集、分析、共享和发布四个角度来阐述，其中生物安全监测体系是生物安全防御的基本前提，健全传染性疾病实时监测、预警电子信息系统才能做到尽早发现和防控，力争从源头上遏制各种生物安全风险。加强对国外生物技术情报的跟踪，尤其是对生物技术副作用研究内容的追踪，为防御新型生物威胁储备技术。风险评估制度是对可能面临的生物威胁形式和程度进行积极应对的基础,通过风险评估可以有针对性地制定防护预案及应用高新技术研制多种新型探测、防护器材和疫苗、抗生素,做到快速、有效识别与防护。尽早对各种生物安全风险做出预警和防控,力争从源头上化解各种生物安全风险和重大隐患。

　　第五项制度是生物安全名录和清单制度。建立生物安全名录和清单制度,是明确从事生物安全行为合法或非法的基本界线。为此《生物安全法》规定,国务院及其有关部门根据生物安全工作需要,对涉及生物安全的材料、设备、技术、活动、重要生物资源数据、传染病、动植物疫病、外来入侵物种等制定、公布名录或者清单,并动态调整。

　　第六项制度是生物安全标准制度。维护生物安全需要基本的标准和技术规范。为此《生物安全法》规定,国务院标准化主管部门和国务院其他有关部门根据职责分工,制定和完善生物安全领域相关标准。国家生物安全工作协调机制组织有关部门加强不同领域生物安全标准的协调和衔接,建立和完善生物安全标准体系。

　　第七项制度是生物安全审查制度。维护生物安全需要对从事与生物安全相关的行为进行必要的审查,有关单位和个人应当自觉配合有关部门进行的审查。为此《生物安全法》规定,对影响或者可能影响国家安全的生物领域重大事项和活动,由国务院有关部门进行生物安全审查,以有效防范和化解生物安全风险。

　　第八项制度是统一领导、协同联动、有序高效的生物安全应急制度。生物安全领域一旦出现事故,将对人民的生命和生态环境带来严重危害,因此建立应急管理制度是极为必要的。《生物安全法》强调了要制定生物安全事件应急预案,并根据预案和统一要求开展相应的应急演练、应急处置、应急救援和事后恢复等工作。

　　第九项制度是生物安全事件调查溯源制度。一旦出现生物安全事件,必须进行事件调查溯源,否则就无法预防今后同类事件的发生。为此《生物安全法》规定,发生重大新发突发传染病、动植物疫情和不明原因的生物安全事件,国家生物安全工作协调机制应当组织开展调查溯源,确定事件性质,全面评估事件影响,提出意见建议。建立首次进境或者暂停后恢复进境的动植物、动植物产品、高风险生物因子国家准入制度。该项国家准入制度是防范生物安全风险的治本措施。为此法律规定,进出境的人员、运输工具、集装箱、货物、物品、包装物和国际航行船舶压舱水排放等应当符合我国生物安全管理要求。法律对海关相关工作提出严格要求:海关对发现的进出境和过境生物安全风险,应当依法处置。经评估为生物安全高风险的人员、运输工具、货物、物品等,应当从指定的国境口岸进境,并采取严格的风险防控措施。

第十项制度是境外重大生物安全事件应对制度。在当前国家及地区之间经济和社会交往日益频繁的情况下,如何妥善应对境外重大生物安全事件对我国国家安全的影响极为紧迫。为此《生物安全法》明确规定,境外发生重大生物安全事件的,海关依法采取生物安全紧急防控措施,加强证件核验,提高查验比例,暂停相关人员、运输工具、货物、物品等进境。必要时经国务院同意,可以采取暂时关闭有关口岸、封锁有关国境等措施。

第十一项制度是关于生物安全监督检查。做好生物安全的监督检查,对于确保生物安全法律法规的执行和落实是十分重要的。虽然《生物安全法》没有将生物安全监督检查冠名为一项"制度",但是根据《环境保护法》的制定和实施经验,将生物安全的监督检查作为一项法律制度是十分必要的。《生物安全法》第二十五条和第二十六条分别对生物安全的监督检查作了明确系统的制度性规定,明确要求县级以上人民政府有关部门应当依法开展生物安全监督检查工作,且要求被检查单位和个人应当配合。考虑到生物安全领域技术性要求高的实际情况,还规定了涉及专业技术要求较高、执法业务难度较大的监督检查工作,应当有生物安全专业技术人员参加。此外,《生物安全法》还明确规定,有关单位和个人的生物安全违法信息应当依法纳入全国信用信息共享平台。

二、重点领域生物安全防控措施

1.防控重大新发突发传染病、动植物疫情

第二十七条、第二十八条和第二十九条主要对重大新发突发传染病、动植物疫情监测和报告提出了要求。第二十七条明确:国务院卫生健康、农业农村、林业草原、海关、生态环境主管部门应当建立新发突发传染病、动植物疫情、进出境检疫、生物技术环境安全监测网络,组织监测站点布局、建设,完善监测信息报告系统,开展主动监测和病原检测,并纳入国家生物安全风险监测预警体系。第二十八条提出:疾病预防控制机构、动物疫病预防控制机构、植物病虫害预防控制机构应当对传染病、动植物疫病和列入监测范围的不明原因疾病开展主动监测,收集、分析、报告监测信息,预测新发突发传染病、动植物疫病的发生、流行趋势。第二十九条明确了报告的要求。第三十二条主要就保护野生动物,加强动物防疫,防止动物源性传染病传播提出了要求。

近年来,新发突发传染病不断出现,伴随着全球化的发展形成广泛传播,严重危及人类健康乃至生命安全,成为影响社会、国家安全稳定和发展的重要因素。20世纪80年代以来,发现和确认的新发传染病近50种,其中半数以上由病毒引起。21世纪以来,全球各类流行性疾病、传染病、动物疫病此起彼伏,波及范围和扩散速度持续升级。自2003年发生严重急性呼吸综合征疫情以来,国内外又陆续暴发了H5N1禽流感、甲型H1N1流感、H7N9禽流感及中东呼吸综合征(MERS)、埃博拉病毒、新型冠状病毒肺炎等重大疫情,频率之高令人诧异。与此同时,艾滋病、结核病、登革热、疟疾等传染病仍然长期高位流行。

2019年,新冠肺炎疫情突如其来,快速传播到全球120多个国家和地区。截至2021年3月18日,全球累计感染人数超过1.2亿,死亡人数超过266万,我国感染人数超过10万,死亡4800多人。新冠肺炎疫情对全球经济社会发展产生了极其重大的影响,不仅国际贸易严重萎缩,旅游业、制造业、交通运输业、教育培训业等更是受到致命打击。一次瘟疫即一次浩劫,人类社会疲于应对频频发生的传染病,对减少和消除传染病充满了期待。新发传染病所特有的突发性和不确定性以及缺乏相应的应对措施将会给社会稳定、经济发展和国家安全带来巨大破坏。

《生物安全法》第三十三条就加强对抗生素药物等抗微生物药物使用和残留的管理提出要求,并且明确提出要采取措施防止抗微生物药物的不合理

使用,降低在农业生产环境中的残留。

自1928年青霉素被发现以来,抗生素的发现和使用对人类的健康和社会的进步发挥了巨大的促进作用。然而20世纪70年代末以来,新型抗生素的研发速度渐缓,耐药问题日趋严重。研究表明,因为耐药菌问题,美国每年在直接健康医疗支出外,增加了200亿美元的支出,因此造成的社会生产力流失产生的损失达35亿美元。病原体耐药性日趋严重已经成为全球卫生健康面临的重大挑战。2001年,世界卫生组织发布了一份当时非常具有影响力的治理策略——《遏制抗菌药物耐药的全球战略》。该战略作为有针对性的宣传工具,进一步提高了世界范围内对抗生素耐药问题的认识。欧美国家率先采取了更加广泛的行动。美国政府部门先后发布了几份公共卫生行动计划,其中较有影响力的一份是于2001年1月公布的呼吁采取"果断行动"遏制抗生素耐药性蔓延的全面公共卫生行动计划。欧洲也成立了抗生素耐药性监测研究小组(ESCMID Study Group for Antimicrobial Resistance Surveillance, ESGARS),探讨耐药性监测技术的多样性,审查耐药性数据,建立监测项目网络之间的联系。2015年,第68届世界卫生大会通过了抗微生物药物耐药性全球行动计划(Global Action Plan, GAP),概述了在"One Health"框架下多个部门联合开展抗微生物药物耐药性治理行动的主要目标,并要求会员国在两年内制定各自的国家行动计划。我国抗生素滥用严重,耐药菌威胁形势尤为严峻,但系统完整的研究报告目前还不多。[据美国疾病控制与预防中心(Centers for Disease Control and Prevention, CDC)2013年的一份研究报告称,美国每年有超过200万人感染耐药菌,其中,至少2.3万人因此死亡。]

2.生物技术研究、开发与应用安全

《生物安全法》第三十四条和第三十五条都对从事生物技术研究、开发与应用活动,应当符合伦理原则提出要求。

第三十七条和第三十八条都提出了要求加强风险评估,根据评估结果采取分类管理。从事生物技术研究、开发活动,应当进行风险类别判断;从事高风险、中风险生物技术研究、开发活动,应当进行风险评估,并依法取得批准或者进行备案。

第三十九条提出对涉及生物安全的重要设备和特殊生物因子实行追溯管理。第四十一条提出对生物技术应用活动进行跟踪评估,强调了对生物安全的全程管理。

生物技术是一把双刃剑,具有典型的两用性特征。当前,以基因编辑技术、合成生物学为代表的生物技术迅猛发展,正在引领世界新一轮科技革命和产业变革的发生。然而,当前频发的生物技术滥用、误用和谬用事件暴露了生物技术研究开发安全管理中存在的漏洞,给全球生物安全治理带来了巨大挑战。

基因重组技术自20世纪70年代出现以来,尤其是20世纪末随着基因组学等技术的发展,生物技术的两用性特征日益引起人们的担忧。现代生物技术的快速发展和信息资源的共享机制,为极端分子发展生物武器提供了更多便利选择,生物技术滥用威胁加剧。2001年澳大利亚联邦科学与工业研究组织通过在鼠痘病毒中加入白介素-4(IL-4)基因,意外产生强致死性病毒。2005年杂志《自然》(*Nature*)刊出了美国疾病控制与预防中心重新构建1918流感病毒,并对其特性进行分析的文章。2012年美国威斯康星大学完成H5N1流感病毒突变使其有能力在哺乳动物间传播的研究。2012年底,荷兰科学家对禽流感病毒进行的基因改构实验再次引起了全世界广泛持续的争议,这也是近年生物技术两用性的里程碑事件。在缺乏有力的安全评价和监管机制的情况下,如果被科技人员误用或被犯罪分子恶意利用,这类研究活动很可能如打开的"潘多拉魔盒",引发对国际安全的重大威胁,甚至彻底改变世界。

生物技术将使传统生物战剂性能进一步增强,甚至可以人工制造出新的微生物、毒素和战剂。通过针对性基因修饰则可使生物战剂毒力更强,对环境和抗生素产生抗性,使原本有效的侦、检、消、防、治等措施失去作用。随着人类基因组计划(Human Genome Project,HGP)的完成及对人类基因背景的逐步深入认识,极有可能针对不同种族或人群的基因差异,设计出攻击特定人种或人群的人种基因武器。近年来,微生物工程、细胞工程、蛋白质工程、基因序列测序与合成等生物技术的快速发展及相关仪器设备的研制普及,一方面使生物战剂的迅速大规模制造成为可能,另一方面也为病原体的小规模隐蔽生产提供了条件。生物科学和生物技术研究及生物制品生产机构的增多和技术的普及使生物技术被谬用的潜在风险增加。

合成生物学的前沿进展进一步引起人们对"车库生物学"安全风险的忧虑,业余生物学爱好者展开的生物学活动就如"生物黑客",难以监控,一旦被生物恐怖主义利用,将带来严重的危害。生物技术发展速度快、引领性作用强、两用性影响大、风险评估难。能够有效监管具有潜在安全风险的生物技术研究开发活动,对于促进我国生物技术创新发展至关重要。

3.病原微生物实验室生物安全

《生物安全法》第四十二条首次提出了制定统一的实验室生物安全标准,要求病原微生物实验室应当符合生物安全国家标准和要求。此次《生物安全法》明确提出将标准作为实验室生物安全管理的重要依据。目前我国实验室生物安全相关的标准比较多,主要有《实验室 生物安全通用要求(GB 19489—2008)》《生物安全实验室建筑技术规范(GB 50346—2011)》《实验室设备生物安全性能评价技术规范(RB/T 199—2015)》《病原微生物实验室生物安全通用准则(WS 233—2017)》等。

第四十三条和第四十五条提出分别就病原微生物和实验室进行分类管理。第四十三条提出国家根据病原微生物的传染性、感染后对人和动物的个体或者群体的危害程度,对病原微生物实行分类管理。根据我国《病原微生物实验室生物安全管理条例》,目前将病原微生物分为四类管理。《人间传染的病原微生物名录》《动物病原微生物分类名录》对重要的病毒、细菌、真菌进行了具体分类,其中第一类和第二类属于高致病性病原微生物,如埃博拉病毒、鼠疫耶尔森菌、高致病性禽流感等。第四十五条还提出国家根据对病原微生物的生物安全防护水平,对病原微生物实验室实行分等级管理。目前我国按照一级、二级、三级、四级进行管理,其中三级和四级属于高等级病原微生物实验室,一级和二级属于普通防护级别实验室。

第四十四条和第四十六条对实验室和实验活动批准进行规范,明确提出设立病原微生物实验室,应当依法取得批准或者进行备案。高等级病原微生物实验室从事高致病性或者疑似高致病性病原微生物实验活动还需要有关部门批准。第四十七条对实验室的实验动物、废水、废气以及其他废弃物进行科学处置提出了要求。第四十八条和第四十九条分别就病原微生物实验室的设立单位负责实验室的生物安全管理、安全保卫制度建设、内部检查、人员管理、生物安保等提出了要求。

生物安全实验室也称生物安全防护实验室，是通过防护屏障和管理措施，能够避免或控制被操作的有害生物因子可能产生的危害，达到生物安全要求的生物实验室和动物实验室。实验室生物安全的概念在20世纪40—50年代提出，美国在50—60年代最早建设了生物安全实验室，主要作为针对实验室意外事故感染的应对策略。随后一些发达国家也相继建造了不同级别的生物安全实验室，并得到长足进展。美国"9·11"恐怖袭击事件以后，一些发达国家纷纷加快了高等级生物安全实验室建设步伐，其中美国最多，达到1000多家。我国目前三级生物安全实验室建设数量不多，但二级生物安全实验室数量非常庞大，安全问题不容忽视。

随着生物安全实验室的建设，实验室样品泄露、丢失或遗忘，人员感染等各类意外事件也频频出现。1979年，位于苏联斯维尔德洛夫斯克市的国防部微生物与病毒研究所炭疽芽孢干粉制剂车间的加压系统爆炸，约10千克芽孢粉剂泄漏，造成大量人员伤亡。2004年5月，俄罗斯新西伯利亚病毒学与生物技术国家科学中心的一名研究人员在BSL-4实验室中对感染埃博拉病毒的豚鼠进行抽血操作时，被带有豚鼠血液的注射器意外扎伤左手掌，因发病医治无效死亡。2013年4月至2014年9月，美国北卡罗来纳大学教堂山分校发生了感染病原体小鼠逃跑的事件，前后共有8只已感染了SARS病毒或甲型H1N1流感病毒的小鼠逃跑。2014年12月，美国疾病控制与预防中心实验室的一名工作人员，误将一份可能含有埃博拉病毒的感染样本作为灭活样品转移至BSL-2实验室进行分析评价。2014年4月13日，法国巴斯德研究所发现丢失了2349支SARS病毒片段的试管样品，虽然没有造成人员感染风险，但也反映出生物样品的全程追踪管理方面存在不足。

生物实验室管理上的疏漏和意外事故不仅会导致实验室工作人员的感

染,也会造成环境污染和大面积人群感染。实验室生物安全事件造成的感染范围不一定大,但容易引起社会的不安和恐慌情绪。

4.人类遗传资源与生物资源安全

《生物安全法》第五十三条明确提出:国家加强对我国人类遗传资源和生物资源采集、保藏、利用、对外提供等活动的管理和监督,保障人类遗传资源和生物资源安全。国家对我国人类遗传资源和生物资源享有主权。《生物安全法》明确规定境外组织、个人及其设立或者实际控制的机构不得在我国境内采集、保藏我国人类遗传资源,不得向境外提供我国人类遗传资源。

第五十六条规定了四种需要经国务院科学技术主管部门批准的情况:

(1)采集我国重要遗传家系、特定地区人类遗传资源或者采集国务院科学技术主管部门规定的种类、数量的人类遗传资源;

(2)保藏我国人类遗传资源;

(3)利用我国人类遗传资源开展国际科学研究合作;

(4)将我国人类遗传资源材料运送、邮寄、携带出境。

第六十条提出:国家加强对外来物种入侵的防范和应对,保护生物多样性。国务院有关部门加强对外来入侵物种的调查、监测、预警、控制、评估、清除以及生态修复等工作。任何单位和个人未经批准,不得擅自引进、释放或者丢弃外来物种。

生物入侵对社会经济发展和生态系统安全是极其严重的威胁,保护生物遗传资源及生物多样性是生物安全的长期课题。随着经济全球化、贸易自由化、物流多元化,跨境电商、快递业等新业态快速兴起,几乎所有国家的生态系统均遭到入侵物种的侵害和威胁,各国都在遭受外来生物入侵的危机,防控外来生物入侵已成为国门生物安全的重要工作。据不完全统计,每年全球因外来生物所导致的经济损失高达4000亿美元。

外来物种进入新环境后,可能因为缺少天敌而大量繁殖,对当地畜牧业、农业、林业造成巨大的危害。2020年6月2日,生态环境部发布《2019中国生态环境状况公报》。公报显示,全国已发现660多种外来入侵物种,其中,71种对自然生态系统已造成或具有潜在威胁并被列入《中国外来入侵物种名单》。

67个国家级自然保护区外来入侵物种调查结果表明,215种外来入侵物种已入侵国家级自然保护区。

我国是全球第一大农业进口国,2019年共进口1509.7亿美元,其中进口粮食1.15亿吨。2019年,全国口岸共检疫截获植物有害生物4262种、59.77万种次,其中检疫有害生物303种、6.05万种次。生物遗传资源的流失有可能给国家利益造成巨大损害,我国野生大豆资源的流失就是突出例证。此外,一些生物携带了本地无法抵抗的疾病病原体,还会威胁人类的健康。

5.防范生物恐怖与生物武器威胁

《生物安全法》第六十一条提出:国家采取一切必要措施防范生物恐怖与生物武器威胁。禁止开发、制造或者以其他方式获取、储存、持有和使用生物武器。第六十二条指出,对于可被用于生物恐怖活动、制造生物武器的生物体、生物毒素、设备或者技术清单,加强监管。

20世纪中后期以来,全球恐怖活动日趋活跃,生物恐怖袭击已经成为全球最大的恐怖威胁之一。20世纪80年代以来,全球公开报道的生物恐怖事件就有百余起,比如"9·11"恐怖袭击事件后美国的"炭疽邮件"生物恐怖袭击事件(以下简称"炭疽邮件"事件)、极端组织"伊斯兰国"占领伊拉克生化武器工厂等。利用细菌、病毒等病原微生物研制而成的生物战剂,即所谓的生物武器,主要有六种:炭疽杆菌、鼠疫杆菌、天花病毒、出血热病毒、兔热病杆菌以及肉毒杆菌毒素。

防御生物武器攻击是生物安全的核心内容。鉴于生物武器的巨大危害,国际社会克服重重困难于1975年3月正式生效了《禁止细菌(生物)和毒素武器的发展、生产及储存以及销毁这类武器公约》(以下简称《禁止生物武器公约》)。《禁止生物武器公约》是国际上有关生物安全的最重要公约,自生效以来,其在禁止和彻底销毁生物武器、防止生物武器扩散方面发挥了不可替代的重要作用,成为维护国际生物安全的基石。但由于《禁止生物武器公约》核查制的缺陷,生物武器禁而难止,少数国家仍然在1975年后秘密发展生物武器,个别国家还曾研制经过基因改造的新型生物武器和种族基因武器。

2001年,美国发生"炭疽邮件"事件,造成22人感染,最终5人死亡。仅涉及7个信封的"炭疽邮件"事件产生了蝴蝶效应般的影响,迅速在全球掀起了防范生物恐怖袭击、加强生物防御能力建设、全面发展生物安全的热潮。使用生物武器成为相对弱势国家在非对称性军事对抗中的可能选择。

近年来,我国虽然尚未发生规模性的生物恐怖袭击事件,但2013年天津白色粉末快件致12人中毒等多起"白色粉末"事件表明,我国亦面临着生物恐怖袭击的现实威胁。我国周边一些国家利用生物战剂成本低、危害大的特点,在暗中积极研制生物武器,还利用科技的最新成果,从技术和品种上加以改进,逐步向多样化、小型化方向发展,已远远超出《禁止生物武器公约》的限制范畴,对我国安全已构成严重威胁。

三、生物安全能力建设

1.加强战略规划

《生物安全法》第六十六条提出:国家制定生物安全事业发展规划,加强生物安全能力建设,提高应对生物安全事件的能力和水平。第六十七条、第六十八条、第六十九条和第七十条还对支持生物安全科技研究,统筹布局生物安全基础设施建设,加强生物基础科学研究人才和生物领域专业技术人才培养,加强重大新发突发传染病、动植物疫情等生物安全风险防控的物资储备分别提出了具体内容。

美国一直比较重视生物安全工作,特别是2001年发生"炭疽邮件"事件后全面加强了生物安全的战略部署,明确将应对生物威胁作为国家安全的优先发展方向,并大幅增加了生物防御的投入以加强其生物防御能力。2002年6月,时任美国总统布什签署了关于"选择剂"清单的法案,明确提出了包括天花病毒和炭疽杆菌等在内的一些病原体属于最大的生物恐怖威胁。2004年7月,美国设立了生物盾牌计划,2004—2013财年美国政府为该计划拨款55.93亿美元,用于购买应对生物恐怖的医疗产品。2006年12月,美国国会决定创立生物医学高级研发局,用于管理生物盾牌计划。十多年时间内,美国在生物防御领域共投入600多亿美元。

2018年9月,美国政府首次发布《国家生物防御战略》,该战略由美国国防部、卫生和人类服务部、国土安全部和农业部共同起草并共同负责相关计划的制定和落实,旨在全面解决各种生物威胁。2019年1月,美国卫生和人类服务部更新了卫生安全领域的国家战略,发布《国家卫生安全战略2019—2022》及与之相关的实施计划,以此加强美国应对各类卫生安全事件的能力。英国于2018年7月发布了《英国国家生物安全战略》,强调英国政府将全力保护英国免受重大生物安全风险影响。欧盟以及日本、巴西、印度等国家近年来也纷纷加强生物安全战略规划。目前我国还没有制定专门的生物安全战略,各地亦没有制定相应的生物安全防御计划。

2.加强人类遗传资源保护

《生物安全法》第六十八条提出:加快建设生物信息、人类遗传资源保藏、菌(毒)种保藏、动植物遗传资源保藏、高等级病原微生物实验室等方面的生物安全国家战略资源平台,建立共享利用机制,为生物安全科技创新提供战略保障和支撑。

人类遗传资源的保护事关中华民族安危和国家重大经济利益。我国是一个多民族人口大国,全国人口总数占全球总人口数的比例高达22%。过去我国有大量人类遗传资源样本、数据流失至外国数据中心、外国生物实验室并被用于研究,对我国产生了潜在的生物威胁。近年来,非法采集人类遗传资源已由传统人体组织、细胞等实体样本转向人类基因序列等遗传信息,出境途径也由携带基因样本数据转变为互联网,隐蔽性越来越强,使威胁进一步加大。此外,很多科研管理机构、医学院校及医疗机构重视不足,人类遗传资源管理制度不健全,管理流程不规范,科研人员对人类遗传资源管理与生物安全战略认识不足、保护意识不强,这些都迫切需要进一步加快建立系统化的综合管控体系。

四、法律责任

《生物安全法》第九章是法律责任章节,主要对瞒报、谎报、缓报、漏报,从事国家禁止的生物技术研究、开发与应用活动,违规从事生物技术研究、开发活动,违规从事病原微生物实验活动,将使用后的实验动物流入市场,违规采

集、保藏我国人类遗传资源,以及未经批准,擅自引进外来物种等行为提出了相应的法律责任。

第四节　生物安全的特点和展望

一、生物安全的特点

1.生物安全风险具有广泛性

生物安全危险来源广泛,如埃博拉病毒病、艾滋病、"非典"、禽流感等传染病来自自然界,日本地铁沙林毒气事件、美国"炭疽邮件"事件等来自人为生物恐怖袭击,实验室SARS病毒外泄事件中的威胁来自实验室保管不当。此外也有来自现代生物技术本身的威胁,如转基因技术的"基因漂移"问题导致生物多样性遭到破坏。

生物技术和产品使用广泛。生物技术已被应用于医药卫生、食品、健康、农业、能源、产业、环境等各个领域。生物产品随着全球城市化的发展、交通的便捷化,人员流动加快,以及全球贸易便捷化,可以短时间内实现全球应用,因此生物安全风险来源具有国际性。

生物威胁形式复杂多样。生物威胁既表现为暴力性的生物恐怖甚至生物武器威胁,也表现为相对比较温和的传染病或生物事故,既可表现为直接或显性的威胁,也可表现为间接或隐性的威胁。

2.生物安全事件发生具有突发性

生物安全风险通常处于动态平衡之中,安全是相对的,风险与威胁是绝对的,但其来源、种类、程度、性质是动态的,是不确定的,需要保持高度警惕,及时发现和识别不断变化的生物安全风险与威胁。

生物安全领域的风险呈多维化发展,且技术上具有高度的不确定性和不可逆性,增加了生物安全风险防控的难度。生物防御的首要任务是监测预警,但实际上大部分生物安全风险难以实现有效预警预测,即便是天然的病原体(生物剂)也非常困难,那些采用现代生物技术重组的病原微生物防御难度可想而知。

生物安全事件一旦发生往往传播速度快,经常需要采取疏散人员、封闭污染区域、限制公交运输、启动紧急医疗救援等应急举措,造成巨大的经济损失甚至社会动荡。因此,生物安全事件应对工作始终处于动态发展过程中,不可能一劳永逸,必须不断发展完善,提高快速响应和处置能力。

3.生物安全事件具有很强的隐蔽性

病原微生物带来的生物安全问题是没有硝烟的战场,病毒细菌看不见摸不着,生物技术作用于微观世界,往往不易觉察,只有发生严重后果时才能被发现,因此识别难度大。生物战剂的多样性及现代生物技术易于制造、便于携带、隐蔽性强等特点,亦导致防御生物安全事件的难度很大。

防御生物武器攻击是传统安全的重要内容,生物武器作为大规模杀伤性武器,各国往往作为军事机密进行管理。生物安全工作涉及国防安全、健康安全、环境安全、经济安全和社会稳定等,很容易引起国内民众甚至国际社会关注,因此各国往往把生物安全信息纳入保密范围,相关信息具有很强的敏感性和不透明性。

4.生物安全具有很强的技术性

近年来,合成生物学、基因编辑、基因驱动等前沿技术发展突飞猛进,而且随着生物技术与其他前沿技术的高度融合,呈现出技能要求高、准入门槛低的特点,但目前相关科技政策和法律法规无法在短时间内有效应对,总是滞后于技术前进的步伐,这对前沿生物技术研究开发活动的安全监管提出了新的挑战。此外,生物安全防御能力建设对监测、检测、预警、鉴别、处置、恢复及全过程风险管理能力具有较高的技术要求,建设和维护生物安全防御盾的"铜墙铁壁"和事件发生后的处置恢复都需要投入巨额经费。

5.生物安全应对强调整体性

生物安全作为国家安全体系的一部分,远不是单纯"生物"领域的安全,而是交织于社会、经济、军事、科技、文化等安全领域,具有多学科、多领域交叉的特点,往往牵一发而动全身,不同体系之间相互联系、相互影响,单靠个

别部门难以应对,多系统跨部门合作是必然的选择。因此,加强生物安全管控是一个复杂的系统工程,必须以国家整体战略能力为依托,通过多领域合作、多部门协同才能实现有效应对。

6.生物安全影响具有滞后性

生物威胁使用的生物剂绝大多数是活的生物体,它的目标可能是人,也可能是动物、植物。它可以袭击人、畜的神经系统、免疫系统、呼吸系统、消化系统等,具有致死性,也可以是非致死性的、失能性的。生物安全领域发展具有远后效应,一些基因编辑技术可能会威胁人类的遗传基因,遗传学具有后代表现性的特点,而这种非自然基因改造对整个生命系统产生的长期影响和后果,目前仍然是人类现有能力无法预料和评估的。

7.生物事件后果具有灾难性

生物安全事件往往会影响到一个地区、一个国家,甚至跨越国界,影响其他国家或地区,会造成人员伤亡,也会造成很难清除的长期环境污染,甚至使重灾区的设施不得不废弃,有时还会造成国家生物资源的破坏与流失,进而造成巨大的经济损失,也会引起社会动荡甚至政权不稳,严重的还会引起国际纷争甚至战争。

二、生物安全工作展望

经过多年建设,我国生物安全防控能力得到了显著提升,但从总体上讲,整体防御能力仍然较为薄弱。就应对当前日益严峻的生物安全形势挑战而言,还存在较大差距和短板:专业性的风险评估队伍和技术有待提高,防控体系机制不够健全;仍存在隶属关系复杂、协调机制不畅、部门机构分散等问题;未能真正实现资源的有效整合、体系的健全完备。我国目前生物安全快速反应力量还比较薄弱,相关专业人员绝大多数没有受过防范生物恐怖袭击方面的训练,实战化演练更是缺乏。生物安全技术平台,包括生物毒株库、生物安全防护技术与产品、配套的专业技术人员以及相应的组织管理体系有待加强。我国目前炭疽杆菌疫苗标准化批量生产技术还未成熟,新型烈性传染病毒株疫苗更是缺乏。生物技术法规和标准的制定有待进一步完善,生物安全防范与监测能力、生物安全管控与危机应对能力也有待提高。生物安全高端人才、复合型人才严重缺乏,面向未来,提高生物安全防御能力还有一些方面需要进一步加强:

(1)要加强生物安全战略规划,制定完善中长期生物安全防御战略,配合战略规划修订完善相应的法律法规和标准,制定出台各类各级生物安全应急预案。坚持主动防御原则,赢得安全工作的主动权并增强针对性,确保在出现重大生物安全事件时能够及时有效应对。

(2)要建立统一高效的指挥体系,特别是要加强重大新发突发传染病、生物恐怖袭击、实验室生物安全事件等智慧高效决策管理体系建设。要加强生物事件危害模拟评估与智能决策研究,形成国家级和省部级模拟、预警、决策、处置、演练为一体的城市生物事件数据挖掘与防控决策系统,从整体上提高突发生物事件的综合防控与应急处置能力。由于生物安全能力建设具有越来越强的信息化趋势,需要充分利用互联网、大数据、人工智能等新技术,利用多渠道的海量数据为风险预测和预警提供强有力的支持,全面提高生物安全精密智控水平。

(3)提高监测预警能力,实现早发现、早预警、早预防和早处置,才能把灾害控制在最低限度,达到防灾减灾、保证安全的根本目的。进一步建立完善风险评估程序,成立风险评估专家委员会,委员代表应包括风险评估、公共卫生、医药和国家安全等领域专家,同时还应加强风险评估专业机构的建设。

(4)要提高生物安全防御准备实力,需要针对更大范围的潜在生物安全威胁和危害程度,结合可采取的医疗措施,对现有预防治疗的疫苗、药物情况进行梳理,选择重点采购储备的防御用品,落实采购渠道,实现疫苗、药物和相关防御用品的快速采购和发放,满足应对不断突然出现的新发病原体威胁的需求。建立更有效的医疗服务体系,以便在传染病暴发和灾难中为病人和受伤者提供更好的照料。

(5)要继续支持《禁止生物武器公约》,防止恐怖主义行为,减少生物武器袭击后的危害,加强全球情报系统建设,以便及时识别和发现袭击事件并阻止潜在的生物恐怖主义者。应从繁多的病原体目录中论证对我国安全威胁

最大的种类,清理制定生物恐怖的生物剂清单体系,制定生物安全病原体清单,建立完善疫苗药物研制保障供应体系。

(6)要进一步加强生物安全实验室建设。作为从事致病性病原微生物检测和科学研究的重要生物安全保障和技术平台,生物安全实验室是从事传染病预防与控制和生物安全防范研究的重要基础设施,高等级生物安全实验室是国家安全的重要装备支撑。目前我国高等级生物安全实验室数量还不足。

(7)要加强基础研究和产品试验验证工作,加快突破关键核心共性技术。同时还应该加快研究制定生物安全防护设施设备技术标准体系,为我国研制生物安全实验室关键防护设施设备定型和标准化生产奠定基础。目前我国高等级生物安全实验室的装备对外依存度过高,核心设施设备主要依赖进口,例如大功率空调机组、高效空气过滤器、正压工作服、密封门、生物安全柜、动物隔离器、污水处理系统等,有必要加强研制,大力发展相关设施设备所需关键基础件。

(8)要加大生物安全人才培养力度。增强领导干部的生物威胁意识,提高国家生物安全治理能力,可以利用各级党校以及网络学院等对领导干部开设专门的课程进行培训,促使领导干部了解生物安全基本知识,认识生物安全事件的危害,熟悉我国生物防御的组织体系、管理体系以及有关技术能力,提高自觉应对生物事件的施政能力。生物安全是多学科多领域交叉的学科,生物人才必须具备多学科知识背景,拥有多学科技术才能。要充分发挥已有科研机构、医学教育资源的作用,突出复合型人才培养,有计划、分层次实施,尽快培养、储备一批素质较高的生物安全人才。要全面加强全民生物安全教育,促使民众转变消费观念,树立新生态文明观,树立保护野生动物、维护生态多样性的生态保护观。

(顾华、汪江连)

参考文献:

[1]周明华,吴新华,杨万风,等."五位一体"视角下国门生物安全工作的作用与价值[J].口

岸卫生控制,2020,25(3):43-48.

[2]聂维忠,聂晨辉,贺骥,等.开展21世纪海上丝绸之路沿线国家输入性病媒生物监测与防控研究,服务国家发展战略,切实维护国门安全[J].口岸卫生控制,2020,25(3):23-27.

[3]顾俊.加快推进生物安全战略防控建设,完善一体化国家战略体系和能力[J].领导科学论坛,2020,17:40-43.

[4]杨鹏轩.对生物安全问题的认识与思考[J].新教育时代·学生版,2017,23(18):40,3.

[5]李京京,靳晓军,程洪亮,等.高等级生物安全实验室风险案例分析和思考[J].生物技术通讯,2018,29(2):271-276.

[6]丁惠,徐飞.国际竞争下中国合成生物学研究的安全、伦理及政策探讨[J].医学与哲学,2020,41(12):7-11.

[7]王莹,刘静,张鑫,等.国际生物技术研究开发安全管理现状与启示[J].科技管理研究,2020,40(7):230-233.

[8]李晶,李思思,魏强,等.合成生物学的生物安全问题及对策分析[J].中国医学装备,2013,10(6):68-71.

[9]王磊,舒东.美国生物防御2001年以来进展及启示[J].解放军预防医学杂志,2013,31(2):191-192.

[10]李爱花,杨仁科,唐小利.美英法生物安全领域基金资助布局[J].中华医学图书情报杂志,2019,28(1):34-43.

[11]石锦浩,黎爱军.人类遗传资源管理与生物安全现状[J].解放军医院管理杂志,2019,26(8):712-714.

[12]杜然然,高东平,池慧.我国生物安全能力评价与建设的思考[J].生物技术通讯,2018,29(3):419-421.

[13]黄翠,梁慧刚,童骁,等.我国生物安全实验室设施设备应用现状及发展对策[J].科技管理研究,2018,38(23):70-73.

[14]刘水文,姬军生.我国生物安全形势及对策思考[J].传染病信息,2017,30(3):179-181.

[15]魏强,武桂珍.新时代的中国病原微生物实验室生物安全工作思考[J].中华实验和临床病毒学杂志,2018,32(2):113-115.

[16]韩磊,张宏雁,吴昊,等.医疗机构:生物安全的责任与挑战.中国卫生质量管理,2013,20(5):129-131.

[17]王会.总体国家安全观视域下的生物安全[J].卫生职业教育,2020,38(13):142-145.

第二章　重大新发突发传染病

第一节　概述

重大新发突发传染病,是指我国境内首次出现或者已经宣布消灭后再次发生,或者突然发生,造成或者可能造成公众健康和生命安全严重损害,引起社会恐慌,影响社会稳定的传染病。与之相关的定义包括突发急性传染病、新发传染病及突发公共卫生事件等。突发急性传染病(Emerging infectious diseases,EID),指在短时间内突然发生,重症和死亡比例高,早期识别困难,缺乏特异和有效的防治手段,易导致大规模暴发流行、构成突发公共卫生事件,造成或可能造成严重的社会、经济和政治影响,须采取紧急措施应对的传染病。新发传染病,全称新发和再发传染病(Emerging and re-emerging infectious diseases),指在人群中新出现或新认识到的,或是过去已经认识到、但发病率或地理分布正在增加的感染性疾病,还包括呈现抗药性的感染性疾病。突发公共卫生事件(Public Health Emergency of International Concern,PHEIC),指突然发生,造成或者可能造成社会公众身心健康严重损害的重大传染病、群体性不明原因疾病、重大食物和职业中毒以及因自然灾害、事故灾难或社会安全等事件引起的严重影响公众身心健康的公共卫生事件。传染病事件是我国报告的突发公共卫生事件相关信息中占比最大的一类。《国际卫生条例(2005)》对国际关注的突发公共卫生事件做出的定义,是指通过疾病的国际传播构成对其他国家的公共卫生危害并可能需要采取协调一致的国际应对措施的不同寻常的事件。不特别指出时,本章相关概念均用"新发传染病"表述。

一、新发传染病频发的原因

新发传染病的发生发展受生物学因素、自然因素和社会因素的影响,往往是诸多因素共同作用的结果。但社会因素起的作用越来越大。

1.生物学因素

微生物进化(变异)是导致出现新的病原体的内在因素。病原体可出现自发的基因突变,或在外环境的作用下发生基因变异,或通过重组、转化等途径获得外源性基因,这些均可使原有的病原体表现出新的毒力,或成为一种全新的病原体,使其对不同宿主的感染性或毒力发生改变。如甲型流感病毒,通常由人流感病毒和动物流感病毒重配后产生新的亚型,如果发生抗原转变的新亚型流感病毒具备人与人之间的传播能力,人群又普遍缺乏免疫力,即可引起流感大流行。抗生素的滥用,选择压力导致病原体抗药性的产生,抗药性通过遗传不断积累,具有抗药性的病原体更易流行蔓延,增加了疾病控制的难度。

2.自然因素

自然灾害、气候变化,可能导致媒介昆虫及宿主动物栖息环境及迁徙等发生改变,从而导致新的疾病出现,或现有传染病流行特征发生改变。虫媒传染病受自然因素影响最为明显,过去的半个世纪,登革热的发病率增加了近30倍,气温、降雨量和相对湿度的变化,导致蚊虫繁殖周期缩短,蚊虫数量上升和孳生地扩散,是疫情上升的重要原因。厄尔尼诺现象带来的大量降雨使鼠类数量急剧增加,从而增加了鼠传疾病的暴发。

3.社会因素

许多和社会、经济发展相关的因素在传染病的发生发展中起着重要的推动作用。

(1)接触野生动物、开垦荒地、砍伐森林、户外探险、捕杀食用野生动物等行为增加了与病原体自然宿主的接触机会,使一些本来在动物间传播的病原性微生物传给了人类。研究表明,野生动物是自然界中重要的病原储存和传播宿主,动物和媒介中人类未知的病毒数量远远大于已知的,已发现的新发传染病中约四分之三为人兽共患病。

(2)人口密度增加和人口流动。人口的快速增长、流动增加和城市化加剧导致人口拥挤情况加剧,增加了传染病在人与人之间传播的概率和新发传染病的发生及蔓延。随着全球化的发展,国际旅行和贸易急剧发展,交通方式更趋便利,国际、地区间交流日益频繁,新发传染病可在很短的时间内通过人或货物传播到世界各地。

(3)生产和贸易、消费方式改变。集约化养殖方式、家禽家畜混养、在住宅附近饲养动物、活体动物集中交易等给病原体基因重组及跨物种传播提供了更多的机会。贸易和物流全球化,沾染、夹带了病原体或受感染宿主动物的商品货物在全球范围内流动,有可能让某些传染病发生大范围、远距离传播。

(4)不良行为和生活方式改变。不良的行为,如不安全的性行为和静脉吸毒容易造成艾滋病、梅毒、淋病等性病的传播。生活电器化,如由于空调使用造成嗜肺军团病的传播,冰箱普及导致李斯特菌感染增加。

(5)医疗行为影响。因人口老龄化、器官移植和免疫抑制剂的使用等,使免疫功能下降或受损,容易感染某种病原性微生物,一些侵入性的操作导致院内感染的增加(如金黄色葡萄球菌),通过血液制品可传播多种传染性疾病。

(6)公共卫生薄弱或缺位。战争、内部冲突和自然灾害、经济衰退、政府应对不力等因素单独或综合作用都会引起卫生保健服务体系和设施的削弱甚至崩溃,引起疾病监测敏感性下降、隔离治疗免疫规划等防控项目工作滑坡、实验室检测能力匮乏,从而更易导致传染病发生。新发传染病流行带来的国际交流合作障碍、技术封锁、物资匮乏、谣言、信任危机及恐慌情绪等则进一步扩大了疫情带来的负面影响。

当然,经济、社会的发展也会对新发传染病的控制起到积极的作用。经济增长导致贫困减少,促进公共卫生事业投入增加,食品及饮水卫生质量得到进一步加强,卫生条件得以改善;科学技术尤其是医学的进步,均有力地提升了新发传染病的防治水平。

二、新发传染病特点与生物安全

由于新发传染病具有发生原因复杂、形式多样,突发不可预测、难以防范等特点,导致生物安全、生物恐怖等问题存在,也易发生生物安全事件,归纳起来有下列几点:

1.病原种类多,多为病毒性人兽共患病

病原种类有病毒、细菌、衣原体、立克次体、螺旋体、支原体、寄生虫等,其中以病毒性新发传染病所占比例最大。在已发现的新发传染病中约四分之三为人兽共患病,病原体的宿主种类多样,接触野生动物是最重要的危险因素。近半个世纪以来,新发现50多种新发病原体,最为人所熟知的有埃博拉病毒,人类免疫缺陷病毒,尼帕病毒,西尼罗病毒,SARS 冠状病毒,猴痘病毒,甲型 H1N1 流感病毒,新型 H5N1、H7N9 型禽流感病毒和 2019 新型冠状病毒等。

2.防治难度大,可严重威胁人类健康

新发传染病刚出现时,人们对其流行规律还不了解,初期缺乏特异性预防控制手段。许多新发传染病传播途径多样、感染方式复杂,容易在人群中实现传播。同时,当一种新传染病出现时,全人群均处于易感状态,一时还未研制成防治用的疫苗和药物,传播机制易实现的病种就有可能形成大规模的暴发或流行,可以跨国界、洲界,甚至造成全球性流行,特别是一些经呼吸道或病媒生物传播的病种,传播范围广,控制难度更大,如新冠病毒肺炎、登革热等。基于以上原因,有些病种缺乏特异的临床表现,对于疾病的诊断和发现造成一定难度,影响及时治疗和有效控制。

新发传染病以病毒性为主,但抗病毒药物的可选范围有限,筛选或研制出特异的治疗药物的难度极大。相当一部分新发再发传染病则由抗药性增加引起,给治疗带来了更大的挑战。一些病原体由于本身变异较大或其他技术因素,很长时间也未能研发出有效的疫苗,如艾滋病疫苗。

3.风险消除难,精准预测尚难实现

近年来,由于各种因素叠加,新发传染病发生、发现的速度在增加,估计这种趋势仍将持续。新发传染病的出现很大程度上是病原体的变异引起的,人类的各种活动则加大了感染概率和传播扩散的速度。因此,新发传染病的继续出现是必然的,只是人们不知道其将于何时以何种方式出现,出现后其发展速度、蔓延范围、趋势和结局也很难预测。正如世界卫生组织一直以来的警告:"全球公共卫生系统面临着新型流感和其他新发传染病的威胁。随着人类与动物不断地接触,更多的新发传染病病原体可能跨物种传播,造成人类感染。流感大流行不可预测,但会反复出现,发生后将在全球导致严重的后果。"不过,人们可以做的是,尽量减少或控制各种促使其发生的因素,同时加强监测,力争出现后能及早发现并采取预防控制措施,减轻其可能造成的严重公共卫生影响。

三、现状与危害

近半个世纪以来,新发传染病以平均每年一种左右的速度发生或发现。20世纪90年代开始,全球重大的新发传染病就起伏不断,其中就包括1994年全球及印度鼠疫暴发流行、1996年荷兰猪流感流行、1998年马来西亚尼帕病毒性脑炎流行、1999年美国西尼罗病毒病流行、2003年SARS流行、2004年亚洲和非洲基孔肯雅热流行、2009年全球甲型H1N1流感病毒大流行、2012年中东呼吸综合征流行、2014—2016年西非埃博拉出血热流行、2015年美洲寨卡病毒病流行以及近两年的全球新冠肺炎大流行等。新发传染病不仅危害人类身心健康,还给畜牧业、旅游业等造成沉重打击,严重影响了经济发展和社会秩序,是当今人类共同面临的巨大威胁与挑战之一。

1.对生命及健康的威胁

人们对新发传染病流行特点、防治方法的了解都需要一个过程,疫情一旦暴发或流行往往给人们带来巨大灾难,甚至出现"超额死亡"。

1918年的流感大流行夺去了5000多万人的生命,是人类历史有记录以来最致命的传染病事件。

1981年确认的艾滋病流行迄今已至少造成3700万人的死亡。

2003年暴发的SARS疫情,在短时间内迅速波及32个国家和地区,全球报告病例8422例,其中死亡919例。自2003年以来,全球共有17个国家发现报告了862例人感染甲型H5N1流感病毒病例,死亡455例,病死率为52.8%。

结核病曾在过去200年里夺走几亿人的生命,目前仍是全球致死率最高的传染病。

2012年沙特阿拉伯首发中东呼吸综合征以来,至2020年底,疫情已波及全球27个国家,报告病例2566例,死亡882例,病死率为34.4%。

2013年首次报告的人感染H7N9型禽流感已致1568人发病,死亡616例,病死率为39.3%。

2014—2016年西非流行埃博拉出血热,西非四国共报告病例28616例,死亡11310例,病死率为39.5%。

2019年12月出现的新冠肺炎大流行,目前仍在全球范围内传播,已造成超1.2亿人发病,超2700万人死亡。

研究发现,一些常见慢性病与特定的病原体有直接关系,如幽门螺杆菌可以引起胃溃疡和胃炎,经性传播的人乳头瘤病毒与宫颈癌有关,丙型肝炎是引起慢性肝病及肝硬化的主要原因。

此外,重大疫情带来的心理冲击也不容忽视。人是社会性的存在,保持社交距离会带来心理健康和总体福祉方面的损失。如此次新冠肺炎疫情中,不少患者由于隔离要求,在临终前也无法再见亲人一面,家属也遭受了亲人离世的巨大痛苦。

2.对经济发展的影响

一些会导致暴发、流行或大流行的传染病,可给经济发展带来巨大的灾难。疫情发生后,对病例的治疗成本和防控疫情的管控措施需要耗费大量的医疗资源和其他成本。一般说来,受疫情影响地区的旅游业、服务业最先受到影响。如发生人兽共患病,则当地的牲畜产销行业必将受到冲击,英国暴发牛海绵状脑病(又称疯牛病)疫情后,欧盟对英国牛肉出口的禁令持续了十年之久。一些短期内难以消除的传染病,如在艾滋病和疟疾流行地区,疫情

也将成为吸引外来投资的阻碍。

防控疫情采取的隔离措施也会导致劳动力缺乏及贸易量的下降。2003年持续8个月的SARS疫情,造成全球经济损失400亿美元。国家统计局测算的经济损失则高达933亿元人民币,约占2003年国内生产总值的0.8%。这次新冠肺炎疫情导致的经济损失更大,据国际货币基金组织估计,2020年全球经济收缩3.5%,许多国家国内生产总值出现下滑,失业率上升,企业压力增大,疫情造成的经济损失远比2008年全球经济危机严重。

3.对社会稳定及安全的影响

新发传染病还可能引发严重的社会问题,其生物安全防范显得尤为重要。新发传染病大流行会给社会带来更多更深重的负面影响,如新冠肺炎疫情使大众产生恐慌心理,容易造成社会的不稳定。同时,进一步放大了社会中已有的裂痕,存在性别和种族不平等的地方,疫情还强化了不平等。受对制度的不信任、孤独、个人经济损失和指责他人的欲望等因素推动,极端主义也有所抬头。疫情加速了部分发达国家出生率的下降,同时还可能加速一些发展中国家人口的增长。

重大传染病的流行还对全球政治产生了重大影响,先前的共识受到破坏,多边机构功能削弱,单边主义、民族主义抬头。关闭边境、旅行限制、移民等措施也导致国家间发生贸易纠纷或摩擦。

我国是受新发传染病疫情影响较重的国家之一。如1997年起的不同亚型的人感染禽流感疫情、2003年的SARS疫情、2005年四川省人感染猪链球菌病疫情、2006年部分省份人粒细胞无形体病疫情、2008年开始的国内广泛流行的手足口病疫情、2009年甲型H1N1流感大流行、2010年发热伴血小板减少综合征疫情、2013年的H7N9型禽流感以及近期的新冠肺炎疫情等,不少病种还是首先在国内发现。此外,还有不定期发生的输入性疫情,如基孔肯雅热、登革热、脊髓灰质炎野毒株、中东呼吸综合征、寨卡病毒病、黄热病、裂谷热等。此外,一些其他国家和地区发生的新发传染病疫情,例如埃博拉出血热、尼帕病毒病、拉沙热、马尔堡病毒病等的输入风险始终存在。

总之,能够消灭、消除或有效控制的传染病仍屈指可数,很多经典病原体引起的传染病的防控措施还需持续实施,部分过去已基本得到控制的病种仍有死灰复燃、重新抬头的可能,新病原体导致的传染病仍会不断涌现。

正在全球流行的新冠肺炎疫情似在再次发出警告,新发传染病是严重威胁人类健康、影响经济发展和社会稳定的因素之一,各方团结一致、携手应对才是战胜危机的人间正道。

面对严峻形势,我国需重点加强可导致大流行的传染病、严重急性呼吸道传染病和埃博拉出血热等烈性传染病的应对,积极防范可带来严重健康危害和经济损失的人兽共患病以及其他境外输入传染病,主动参与国际新发传染病的应对,筑牢生物安全保障堤坝。

第二节　几种重要的新发传染病

一、新型流感与人感染禽流感

流行性感冒(又称流感,influenza)是一种急性呼吸道传染病,由甲型、乙型或丙型流感病毒引起。甲型和乙型流感病毒每年可引起季节性流感,而造成流感大流行的均为甲型流感。甲型流感病毒可感染禽类和多种哺乳动物,动物源性(如禽类)的甲型流感病毒偶尔可出现跨种传播,导致人类感染发病,如近些年发生的人感染禽流感疫情。

甲型流感病毒根据其表面两类糖蛋白即血凝素(HA)和神经氨酸酶(NA)的抗原性和基因序列的不同分为若干亚型。目前发现的HA和NA分别有18个(H1-18)和11个(N1-11)亚型。甲型流感病毒易变异,抗原变异为不可预测事件,通常由人间流行的流感病毒和动物流感病毒重配后产生新的亚型,如果发生抗原转变的新亚型流感病毒具备人与人之间的传播能力,因人群普遍缺乏免疫力,即可引起流感大流行。

流感潜伏期一般为1~7天,多为2~4天。从潜伏期末到发病的急性期都有传染性。临床表现为急性起病、发热,伴畏寒、寒战、头痛、肌肉/关节酸痛、乏力、食欲减退等全身症状。轻症流感常与普通感冒表现相似,但其发热和全身症状更明显。重症病例可出现病毒性肺炎、继发细菌性肺炎、急性呼吸窘迫综合征(ARDS)、休克、弥散性血管内凝血、心血管和神经系统等肺外表现及多种并发症。重症流感主要发生在年幼儿童、老年人、特定慢性基础疾病者、肥胖者、孕产妇等高危人群。

对临床诊断病例和确诊病例应尽早隔离治疗。有基础疾病者病情明显加重、符合重症或危重流感诊断标准者应住院治疗。发病48小时内进行抗病毒治疗可显著减少流感并发症、降低住院患者的病死率、缩短住院时间。

人感染禽流感的临床表现随所感染的病毒亚型不同而异。至今发现能直接感染人的动物源性流感病毒亚型有:H5N1、H7N1、H7N2、H7N3、H7N4、H5N6、H7N7、H9N2、H10N8、H7N9、H5N8亚型禽流感和猪流感H3N2v、猪流感欧亚类禽H1N1病毒等。由H5N1和H7N9等亚型引起的人感染禽流感,一般发病后症状较重,部分病例可以发展为重症肺炎,发生急性呼吸窘迫综合征、感染性休克及多脏器功能衰竭等,病死率较高。人感染禽流感大部分为散发病例,有个别家庭聚集发病现象,不排除有限的非持续的人传人,但尚无持续人际传播的证据。传播途径可经呼吸道传播或密切接触病死禽及禽类的分泌物或排泄物,或通过接触病毒污染的环境传播至人。

患者和隐性感染者是季节性流感的主要传染源。日托机构儿童和学校学生是社区内流感传播的主要人群。受感染动物也可成为传染源,动物源流感病毒在近距离密切接触时可发生有限传播。

温带地区每年出现季节性流感疫情,热带地区全年均可发生,缺少可预测的高峰。典型的流感疫情高峰出现在疫情发生后的2～3周内,持续5～6周时间。流感大流行发生时间缺乏明显的规律性,当甲型流感病毒出现新亚型或显著变异毒株,且能在人际有效传播,人群对其普遍缺乏免疫力时,该新出现的流感病毒即可在短时间(1～2个流行波)内在全球范围广泛传播,发病人数急剧增加,重症和死亡数也相应大量增加。

季节性流感每年导致5%～10%以上的人群感染,发病率高但病死率相对较低,可根据预测结果提前提供疫苗进行预防。感染部分亚型的禽流感病毒症状重,所幸尚未发生持续的人际传播。最令国际社会担忧的是流感大流行,世界卫生组织认为,"流感大流行的发生不可避免,且无法提前预测"。

流感的防控措施可分为药物预防和非药物干预措施两大类。每年接种流感疫苗是预防流感最有效的手段,可以显著降低接种者罹患流感和发生严重并发症的风险。药物预防可作为没有接种疫苗或接种疫苗后尚未获得免疫能力的重症流感高危人群的紧急临时预防措施。非药物干预措施也是预防流感等呼吸道传染病的重要手段,常规推荐的措施包括洗手、呼吸道礼仪、戴口罩、加强通风、表面或物体清洁、患者隔离、保持社交距离等,特殊条件下还推荐实施减少集会、停课、停工、国际旅行限制等措施。

预防人感染禽流感的措施有:加快推动传统家禽养殖和流通向现代生产方式转型升级,从散养方式向集中规模化养殖、宰杀处理和科学运输转变,提高家禽养殖、流通生物安全水平,尽早采取动物免疫、扑杀、休市等消灭传染源、阻断病在毒禽间传播的措施,减少人群中的活禽或病死禽接触暴露机会。

二、人冠状病毒感染

冠状病毒(coronavirus)与人和动物的多种疾病有关,可引起人和动物呼吸道、消化道和神经系统疾病。人的冠状病毒在1965年首先分离出来,但是真正引起重视的是在2002—2003年SARS冠状病毒导致的"非典"疫情波及多个国家和地区并引起了社会恐慌后。目前已知感染人的冠状病毒有7种,其中SARS-CoV、MERS-CoV和SARS-CoV-2致病性较高,分别引起SARS、MERS和COVID-19。

冠状病毒是自然界中广泛存在的一大类病毒。冠状病毒能够跨越种属屏障,实现动物与动物之间、动物与人之间的相互传播。冠状病毒可分为α、β、γ、δ四个属,感染人类的冠状病毒中,SARS-CoV、MERS-CoV和SARS-CoV-2均为β属。

常见的可感染人类的冠状病毒(包括229E、NL63、OC43和HKU1型)通常会引起轻度或中度的上呼吸道疾病。SARS-CoV、MERS-CoV和SARS-CoV-2常可引起严重症状。SARS的潜伏期通常限于2周之内,一般为2~10天。

症状通常包括发热、畏寒和身体疼痛,肺部继发感染是最重要的并发症,病死率近10%。MERS的潜伏期为2～14天,常见为5～6天。症状通常包括发热、咳嗽和气短、头痛和肌痛,重症病人在1周内快速发展为重症肺炎,病死率约为35%。COVID-19病例常见潜伏期为1～14天,平均潜伏期约为5天,同时也存在暴露后24天出现症状的个案病例。常见的呼吸系统症状包括咳嗽、发热、气促、咽痛等,肺外表现包括疲劳/乏力、肌痛、腹泻、恶心、呕吐等,部分患者以嗅觉或味觉功能障碍、鼻漏、结膜炎等为首发临床表现。目前全球病死率在2%～3%之间,但病死率在不同国家之间差异较大,其差异与医疗资源承载情况和老龄化程度有关,60岁以下人群病死率显著低于60岁以上老年人。SARS-CoV-2无症状感染者大约占总感染人群的40%～45%。

全球10%～30%的上呼吸道感染由HCoV-229E、HCoV-OC43、HCoV-NL63和HCoV-HKU1四类冠状病毒引起,在普通感冒病原谱中占第二位,仅次于鼻病毒。

SARS是人类21世纪首次遇到的新发传染病重大疫情,2002年11月首先出现在我国广东省,之后通过感染的病人传播到32个国家和地区,2003年7月5日世界卫生组织宣布全球范围内的SARS疫情结束,此后全球陆续发生了几起实验室感染事件,2004年后全球未再有SARS人间病例报告。SARS病人为最主要的传染源,症状明显的病人传染性较强,潜伏期或治愈的病人不具备传染性。人群普遍易感。目前关于病毒的来源和自然宿主,科学界仍无定论,近年来研究发现野生蝙蝠携带类SARS病毒,可能是SARS的源头宿主,果子狸则可能是将病毒从野外传染到人类的中间宿主。

MERS于2012年在沙特阿拉伯首次得到确认。自2012年起,MERS在全球共波及中东、亚洲、欧洲等27个国家和地区,病例报告高峰为2014年,截至2020年底共报告2566例病例,死亡882例,病死率为34.4%。其中84%的病例均来自沙特阿拉伯。人群普遍易感。蝙蝠可能是病毒的源头,单峰骆驼则是主要储存宿主,同时为人间病例的主要传染来源。人与人之间传播能力有限,医疗机构中如果密切接触病人时未采取有效防护,可能会出现人际传播现象。2015年4—5月韩国发生的导致186人感染MERS的疾病暴发事件中,存在很多继发感染病例。目前我国唯一的一例MERS病例也是在此事件中由韩国输入的。

COVID-19最早于2019年底在中国武汉被报道,患者和无症状感染者是主要传染源,SARS-CoV-2感染的动物也可能为传染源。患者发病前(症状出现前24~48小时)、发病期间和症状消失后(恢复期)均可能具有传染性。主要传播途径是经呼吸道飞沫传播和接触传播;在相对封闭的环境中长时间暴露,存在经气溶胶传播的可能性;接触病毒污染的物品可造成感染。所有年龄段的人群均易感。老年人、男性、妊娠期女性、吸烟者、肥胖者、患基础疾病者为重症高危人群。

SARS、MERS和COVID-19均可引起严重症状,SARS和COVID-19的人际传播能力强,易导致疫情暴发。SARS疫情曾对全世界产生巨大影响,2015韩国出现的MERS持续传播疫情,曾引起全球高度关注。COVID-19大流行给世界带来的巨大影响还在继续,2020年1月30日世界卫生组织宣布COVID-19疫情为国际关注的突发公共卫生事件,3月11日宣布已经构成全球大流行,目前疫情仍在持续。

病例的早期识别、隔离治疗和密切接触者管理是防控工作的关键,MERS防控的重点是加强医院感染控制和接触当地骆驼的防护。在缺乏有效疫苗和药物前,实施综合性的非药物干预措施,包括增加社交距离、交通限制、个人防护、环境卫生、社会动员、宣传教育等可以取得良好的防控效果。在COVID-19疫情前,还没有针对人冠状病毒感染的疫苗上市,COVID-19发生后,尤其是进入2021年,全球以前所未有的速度开展疫苗研制,目前已有数种疫苗在人群中开展广泛接种。由于已有数种冠状病毒存在跨越种属屏障传播,故长远来看,需积极开展冠状病毒的监测和跨种传播的防范,以及做好应对人间疫情的准备。

三、埃博拉出血热

埃博拉出血热(Ebola hemorrhagic fever,EBHF)是由埃博拉病毒引起的可导致人类和灵长类动物发生出血热的烈性传染病,是当今世界上最致命的

病毒性出血热性疾病,有很高的死亡率。

埃博拉出血热感染潜伏期为2～21天。临床主要表现为突起高热、头痛、咽喉疼、虚弱和肌肉疼痛,然后是呕吐、腹痛、腹泻。病毒可导致病人最终出现口腔、鼻腔和肛门出血等症状,患者可在24小时内死亡。

埃博拉出血热主要呈现地方性流行,局限在中非热带雨林和东南非洲热带大草原,但已从开始的苏丹、刚果民主共和国扩展到刚果共和国、中非共和国、利比亚、加蓬、尼日利亚、肯尼亚、科特迪瓦、喀麦隆、津巴布韦、乌干达、埃塞俄比亚以及南非。近年来埃博拉出血热疫情不断发生,2014年首次传入西非引起埃博拉出血热流行,仅当年累计出现确诊、疑似和可能感染的病例就有17000多例,其中6000余人死亡。

目前认为该病存在"先在动物中流行,后传染至人"的传播特征。果蝠(狐蝠科)可能是埃博拉病毒的自然宿主,灵长类动物、人类或其他哺乳动物通常被认为是埃博拉病毒的终末宿主而非储存宿主,通过直接接触自然宿主或者从自然宿主处通过某种传播链而感染。

人类对埃博拉病毒普遍易感。接触传播是埃博拉出血热最主要的传播途径,患者或动物的血液、体液、呕吐物、分泌物、排泄物均具有高度的传染性。埃博拉病毒可以通过接触患者或染疫动物而传播,可以通过黏膜、皮肤破损处进入宿主动物体内。尽管煮熟食物可以使埃博拉病毒灭活,但在自然感染中,染疫食物的摄入作为埃博拉出血热的传播途径并不能被排除。试验条件下已证实病毒可以在猴子间通过气溶胶传播。有报道称,曾在埃博拉病人的精液中检出埃博拉病毒颗粒和核糖核酸(RNA),甚至病后82天的精液中也可检出,因此理论上埃博拉病毒可以通过性活动传播。

目前尚无批准上市的埃博拉病毒病疫苗,但可以在流行区进行紧急接种。目前预防埃博拉病毒病的主要策略是早期发现隔离治疗病人、及时追踪和留观密切接触者,严防治疗护理病人过程中导致的医院内感染。由于埃博拉病毒的致死率较高,并且传染性也很强,所以世界各国都规定对于埃博拉病毒的研究只能在四级生物安全实验室进行。医护人员与患者接触、实验室人员进行实验操作时必须严格执行个人防护措施。

四、拉沙热

拉沙热(Lassa fever)是由拉沙病毒引起的一种急性、传染性强烈的国际性传染病,主要经啮齿动物传播。拉沙热目前主要流行于尼日利亚、利比亚、塞拉利昂、几内亚等西非国家,因首例于1969年在尼日利亚东北地区的拉沙镇发现而得名。

拉沙热潜伏期为6~21天,起病缓慢,主要症状包括全身不适、发热、咽痛、咳嗽、恶心、呕吐、腹泻、肌痛及胸腹部疼痛。发热为稽留热或弛张热,常见眼部和结膜的炎症和渗出。绝大多数的人类感染者表现为轻症或无症状,其他的可表现为严重多系统疾病,少数发展至出血、呼吸窘迫综合征、脑病和低血容量性休克。拉沙热在妊娠期尤为严重,绝大多数孕妇可发生流产。严重病例常发生低血压或休克、胸腔积液、出血、癫痫样发作、脑病、脸病和颈部水肿,也常伴有蛋白尿和血液浓缩。恢复期可发生暂时性脱发和运动失调。少部分患者可发生第八脑神经性耳聋,1~3个月后仅半数患者可恢复部分功能。

拉沙热的治疗主要包括对症支持治疗和抗病毒治疗。病人要卧床休息,保持水电解质平衡,补充血容量,防治休克,密切观察心肺功能,监测血压、肾功能,继发细菌感染时使用抗生素。抗病毒治疗主要应尽早使用利巴韦林,病程1周内接受治疗可降低病死率。首选静脉给药,儿童按体重给药,和成人相同。也可口服。

拉沙热目前尚无可供使用的疫苗,主要采取预防为主的策略。做好防鼠、灭鼠和环境整治工作,降低鼠密度,避免直接接触鼠类及其排泄物。家庭成员和医务人员避免接触患者血液、体液和排泄物。

五、鼠疫

鼠疫(又称黑死病,plague)是由鼠疫耶尔森菌引起的烈性传染病,是《中华人民共和国传染病防治法》规定的甲类传染病。

鼠疫是广泛流行于啮齿动物间的一种自然疫源性疾病。鼠疫菌在特定的宿主动物之间保存、传播,并在一定条件下通过染疫的鼠、蚤或其他途径,将鼠疫菌传给人,造成人间鼠疫。同时各型鼠疫患者(尤其是肺鼠疫患者)均可作为人间鼠疫的传染源。

鼠疫的传播途径多种多样,主要有三种:媒介传播、直接接触传播和飞沫传播。

1. 媒介传播

跳蚤是鼠疫传播的主要媒介,鼠疫耶尔森菌经鼠蚤传播,即"鼠(旱獭)—蚤—人"的方式传播。人类鼠疫的首发病例多由跳蚤叮咬所致,最常见的是印鼠客蚤。

2. 直接接触传播

人类在进行猎捕、宰杀、剥皮及食肉等活动时,如果直接接触染疫动物(鼠类、旱獭等)也极易感染鼠疫。细菌可以通过破损皮肤黏膜进入人体,经淋巴管或血液引起腺鼠疫或败血型鼠疫。我国西北地区旱獭疫源地引起的人间鼠疫多由直接接触染疫动物而感染,特别是通过猎捕、剥食病旱獭导致感染。

3. 飞沫传播

肺鼠疫患者呼吸道分泌物中含有大量鼠疫菌,患者在呼吸、咳嗽时会将鼠疫菌排入周围空气中,形成细菌微粒及气溶胶引起感染,造成人间肺鼠疫暴发。

人类不分种族、性别、年龄、职业,对鼠疫菌都具有高度易感性,没有天然免疫力,但病后可获持久免疫力,预防性用药可降低易感性。

鼠疫的潜伏期较短,一般在1~6天之间,多为2~3天,个别病例可达8~9天。鼠疫主要表现为发病急剧,寒战、高热、体温骤升至39℃~41℃,呈稽留热、剧烈头痛,有时还出现中枢性呕吐、呼吸急促、心动过速、血压下降。重症患者早期即可出现血压下降、意识不清、谵妄等。

临床上一般将鼠疫分为腺鼠疫、肺鼠疫、败血型鼠疫、皮肤鼠疫、脑膜炎型鼠疫、眼鼠疫、扁桃体鼠疫及肠鼠疫等。腺鼠疫是最多见的临床类型,其次为肺鼠疫和败血型鼠疫。腺鼠疫除具有鼠疫的全身症状外,受侵部位所属淋巴结肿大为其主要特点。一般在发病的同时或1~2天内出现淋巴结肿大,可以发生在任何被侵犯部位的所属淋巴结,以腹股沟、腋下、颈部等最为多见。其主要特征表现为淋巴结迅速弥漫性肿胀,大小不等,质地坚硬,疼痛剧烈,与皮下组织粘连,失去移动性,周围组织充血、出血。由于疼痛剧烈,患侧常呈强迫体位。肺鼠疫可分为原发性肺鼠疫和继发性肺鼠疫。原发性肺鼠疫是直接吸入含鼠疫菌的气溶胶或飞沫被感染的。继发性肺鼠疫是由腺鼠疫或败血症型鼠疫经血行播散而引起的。原发性肺鼠疫潜伏期短、发病急剧、恶寒、高热达40℃以上。由于呼吸困难、缺氧,导致口唇、颜面及四肢皮肤发绀,甚至全身发绀,故有"黑死病"之称。不仅病死率高,而且在流行病学方面的危害最大。败血症型鼠疫主要表现为恶寒、高热、剧烈头痛、谵妄、神志不清、脉搏细速、心律不齐、血压下降、呼吸促迫、广泛出血,如皮下及黏膜出血、腔道出血等,若不及时抢救常于1~3天内死亡。

　　凡确诊或疑似鼠疫患者,均应迅速组织严密的隔离,就地治疗,不宜转送。需隔离至症状消失,血液、局部分泌物或痰培养3次阴性,肺鼠疫6次阴性。应严格隔离于隔离病院或隔离病区,病区内必须做到无鼠无蚤。入院时对病人做好卫生处理(更衣、灭蚤及消毒)。病区、室内定期进行消毒,病人排泄物和分泌物应用漂白粉彻底消毒。工作人员在护理和诊治病人时应做好个人防护。对于鼠疫病人的病原治疗要做到早期、联合、足量、应用敏感的抗菌药物,其中链霉素为治疗各型鼠疫特效药。

　　鼠疫传染性强,病死率高。人类历史上鼠疫曾有三次大流行:一是6世纪的"查士丁尼瘟疫";二是14世纪杀死了将近三分之一欧洲人的"黑死病";三是19世纪始于中国云南省而后席卷中国南方,并蔓延至全球的大流行。这三次大流行,给全世界造成了巨大的经济和生命损失,共计约1亿多人丧命。经过一段静息期后,20世纪90年代以来,鼠疫再次进入新的活跃时期,印度苏拉特事件和秘鲁鼠疫的发生使全世界的鼠疫发病人数在长期徘徊之后跃升到了一个新的水平。

　　我国的鼠疫形势与全世界的鼠疫形势相一致,进入了重新活跃的新阶段,人间鼠疫发病率上升、鼠疫自然疫源地扩大、新鼠疫自然疫源地陆续发

现、鼠疫远距离传播的危险明显增加。尽管目前人类病例主要由与野生啮齿动物接触引发病例,随后导致小规模局部暴发,但近年来疫情范围不断扩大并呈现新的趋势:间歇多年又突然暴发;鼠疫向城市和旅游区人口密集区逼近;主要宿主动物数量明显回升,动物鼠疫重新流行;存在远距离传播和人为扩散的风险。

目前世界上传统的鼠疫疫苗都存在许多缺陷,因此我国不进行针对鼠疫的人群免疫接种,在发生较大规模人间鼠疫流行时,可根据疫情应急指挥部的决定,在大隔离圈以外的人群中实施鼠疫疫苗的接种。

鼠疫是一种自然疫源性疾病,人类鼠疫的防控必须从鼠疫自然疫源地的防控和社会人群预防两个方面来进行。对于鼠疫自然疫源地,要持续进行鼠疫疫源性监测与评估,及时彻底净化动物鼠疫疫区;对于社会人群的鼠疫预防与控制工作要严格依法防控,巩固完善鼠疫防控机构与专业技术队伍体系建设,深入持久开展宣传与健康教育,建立鼠疫防控应急处理与联防联控机制。

六、炭疽

炭疽(anthrax)是由炭疽杆菌引起的动物源性传染病,是《中华人民共和国传染病防治法》中规定的乙类传染病,其中肺炭疽按照甲类传染病管理。炭疽芽孢杆菌是一种革兰氏阳性杆菌,主要发生于草食动物,尤其是牛、羊和马身上。人类主要通过接触病畜及其产品或者食用病畜的肉类而感染。皮肤炭疽最为常见,主要表现为局部皮肤坏死、特征性焦痂等症状,肺炭疽和肠炭疽常危及生命。中国西北、西南、华北等十多个省市区存在炭疽流行,每年自然发病有数百例。

炭疽芽孢杆菌属于芽孢杆菌属,需氧或者兼性厌氧,有荚膜。炭疽杆菌芽孢具有极强的抵抗力,在空气、土壤、尘埃和污染的皮毛、肉类中广泛存在,可耐高温、高压、紫外线、电离辐射以及诸多化学物质,故而可在环境中生存数十年乃至数百年。炭疽芽孢对碘特别敏感,对青霉素、头孢菌素、链霉素、卡那霉素等高度敏感。

患病的牛、马、羊、骆驼等食草动物是人类炭疽的主要传染源。患病动物血液、痰、分泌物、排泄物可使人直接或间接感染,炭疽患者的分泌物和排泄物也具有传染性。接触感染是本病流行的主要途径,直接接触病畜及其皮毛最易受染,常引起皮肤炭疽;吸入带大量炭疽芽孢的尘埃、飞沫或进食染菌肉类,可分别发生肺炭疽和肠炭疽;使用未消毒的毛刷,或被带菌的昆虫叮咬,偶也可致病。

人群普遍易感,主要取决于接触病原体的程度和频率。青壮年因职业(农民、牧民、兽医、屠宰场和皮毛加工厂工人等)关系与病畜及其皮毛和排泄物、带芽孢的尘埃等的接触机会较多,发病率也较高。

炭疽潜伏期为1～5天,最短仅12小时,最长12天,临床可分以下五型:

1.皮肤炭疽

此型最为多见,皮损好发于手、面和颈部等暴露部位,特征性表现为迅速坏死的无痛性痈,伴局部化脓性淋巴结炎。

2.肺炭疽

大多为原发性,由吸入炭疽杆菌芽孢所致,也可继发于皮肤炭疽。患者病情大多危重,常并发败血症和感染性休克,偶也可继发脑膜炎。若不及时诊断与抢救,则常在急性症状出现后24～48小时内因呼吸、循环衰竭而死亡。

3.肠炭疽

可表现为急性胃肠炎型和急腹症型。

4.脑膜型炭疽

大多继发于伴有败血症的各型炭疽,原发性偶见。病情凶险,发展特别迅速,患者可于起病2～4天内死亡。脑脊液大多呈血性。

5.败血型炭疽

多继发于肺炭疽和肠炭疽,由皮肤炭疽引起者较少。可伴高热、头痛、出血、呕吐、毒血症、感染性休克、弥散性血管内凝血(DIC)等症状。

炭疽病治疗原则是严密隔离、对症支持、积极抗菌。炭疽患者需要进行严格的隔离治疗,患者的分泌物和排泄物需要进行专门的消毒处理以免传染给其他人。一般治疗中患者应严密隔离,卧床休息,尤其是肺炭疽患者。严

防其通过空气导致感染扩散,对其分泌物和排泄物按芽孢的消毒方法进行彻底消毒。病原治疗是关键。目前青霉素G尚未发现耐药菌株,仍是治疗炭疽病的首选药物。氢基糖苷类、四环素与氯毒素亦有较好的疗效。

炭疽杆菌容易获得,炭疽杆菌的高毒性及其芽孢的强大生存能力使之成为最早的生物武器之一。华北曾有因误入抗战时期埋病死军马洞穴而感染炭疽的报道。2001年9月对美国的恐怖袭击,不仅仅是飞机撞楼,同时还有生物恐怖袭击。恐怖分子把大量炭疽杆菌芽孢装入信封,通过邮件传播。美国疾病控制与预防中心共确认22例炭疽,11例皮肤炭疽,11例肺炭疽,5人死亡,均为肺炭疽。美英在第二次世界大战期间就开始把炭疽作为生物武器研究,抗战时期日本在中国曾多次使用炭疽菌进行细菌战,给中国军民带来大量伤亡。1979年,苏联斯维尔德洛夫斯克发生炭疽泄漏,造成大量人员伤亡。目前部分国家仍在制造炭疽杆菌作为生物武器。一旦恐怖分子利用炭疽(粉末)进行袭击,危害更大,因此不能掉以轻心。

七、布鲁氏菌病

布鲁氏菌病(简称布病,又称地中海弛张热、马耳他热或波浪热,brucellosis)属自然疫源性传染病,是一种由布鲁氏菌引起的流行范围广、严重危害人兽健康的传染-变态反应性疾病。全世界报告人兽疫情的国家有170多个。近年来,布鲁氏菌病的人兽疫情在国内外均呈明显上升趋势,严重影响了畜牧业经济发展和当地居民的身体健康。

布鲁氏菌的储存宿主很多,目前已知有60多种动物(家畜、家禽、野生动物和驯化动物)均可作为储存宿主。以家畜为主,布病往往先在家畜或野生动物中传播,随后波及人类。羊、牛和猪是与人类发病有关的主要传染源,犬、鹿和其他家畜居次要地位。从发病率来看,通常农村高于城市,牧区高于农区。流行地区在春末夏初发病高峰季节可呈暴发流行。发病有明显的职业性,与病畜、受染畜牧产品接触较多的牧民、牧医、屠宰户和皮毛加工人员等的感染率比一般人群要高。

人群对布鲁氏菌普遍易感,羊牛养殖者、屠宰户、交易人员、兽医等职业人群为高发人群。病畜接生极易感染,剥牛羊皮、剪打羊毛、挤乳、切病畜肉、屠宰病畜、儿童和羊玩耍等均可感染,病菌从接触处的破损皮肤进入人体。当进食染菌的生乳、乳制品和未煮沸病畜肉类时,病菌可自消化道进入体内。从事相关职业的实验室工作人员也常可由皮肤、黏膜感染细菌。

布鲁氏菌病患者潜伏期长短不一,一般为1~3周,也可长达数月。反复高热伴大汗淋漓是突出的症状,常伴有游走性关节痛、睾丸肿痛,肝、脾、淋巴结肿大,也可见头痛、皮疹等。布鲁氏菌病的症状和体征不具有特异性,最突出的表现为发热。部分患者可出现典型的波状热,即体温逐渐上升达39℃或以上,数天后又逐渐下降至正常水平,持续数天后又逐渐升高,如此反复多次。发热也可以是部分患者的唯一表现,少部分患者还能仅表现为低热。其他常见症状包括寒战、大汗、疲劳、乏力、关节痛、肌痛、背痛、头痛、厌食、体重下降、抑郁等等。上述症状可能在消失后数周甚至数月再次出现。部分患者症状可持续存在,病程超过一年,即发生慢性感染,出现脊柱炎、关节炎、心内膜炎等疾病的相关症状。

目前对动物布病的防控,主要使用的是弱毒活疫苗。此外,基因缺失疫苗、DNA疫苗以及重组亚单位疫苗等新型疫苗仍处在研发阶段。

布病几乎不发生人与人之间的传播,人患布病最主要的原因是接触患病动物或其产物。此外,有数起实验室感染的报道,因此也要做好实验室的生物安全。做好人患布病的防控工作,首先要做好畜间布病的防疫,在加强牲畜检疫、免疫、淘汰等措施的同时,还应加大规范养殖户及疫区群众布病防治健康教育的力度,同时政府部门、农业畜牧生产管理部门、疾控系统和工商等相关部门应密切配合,采取综合性措施进行控制和预防。

八、猴痘

猴痘(又称猴天花,monkeypox)是由猴痘病毒引起的一种发生于中非和西非热带雨林的较罕见的急性传染病,也是一种人兽共患病。该病传染性强,病死率为1%~10%,其中尤以儿童感染者的病死率最高。

猴痘的潜伏期为6~16天,患者可出现高热、头痛、背痛、全身不适、咳嗽、

淋巴结肿大等症状,偶尔发生腹痛。发热同时,全身出现类似天花的皮疹,皮疹会发展为隆起的肿块,其内充满液体,后皮疹中央出现凹陷,疱疹破溃后留有久治不愈的溃疡。通常发生在眼睑、睑结膜、颜面、头部、躯干和生殖器。有的患者在出现皮疹前会发生严重的淋巴结病(淋巴结肿大)。淋巴结病的出现可能有助于识别猴痘,因为天花或者水痘都不具备这一特征。猴痘症状通常持续14～21天。

猴痘病毒在动物中普遍存在,栖息于非洲中西部热带雨林的猴子和松鼠是猴痘病毒主要的自然宿主,感染的啮齿动物或其他哺乳动物是储存宿主。宿主动物、感染动物、猴痘病人是该病的传染源。猴痘病毒可以通过直接密切接触感染动物或被感染动物咬伤而由动物传染给人,也可以在人与人之间传播,传播媒介主要是血液和体液。人与人之间在长时间近距离接触时,可能会通过较大的呼吸飞沫传播,而接触受病毒污染的物品(如卧具或衣服等)也有可能感染。

九、朊病毒病

朊病毒病(又称传染性海绵状脑病,prion disease)是一类侵袭人类和多种动物的致死性中枢神经系统脑病。病原体是一种不含核酸的传染性蛋白粒子,被称为朊病毒、朊粒或朊毒体。人朊病毒病可分为散发型、遗传型和获得型,医学病名繁多,包括克-雅病(CJD)、库鲁病(Kuru disease)、格斯特曼综合征(GSS)、致死性家族型失眠症(FFI)等。

临床上以散发型克-雅病最常见,约占全部人朊病毒病的85%,其次为遗传型朊病毒病,占5%～15%。约1%的人朊病毒病为获得型,有明确的医源性传播途径。20世纪90年代,出现了与食用受疯牛病传染因子污染食品有关的变异型克-雅病。

人朊病毒病属于中枢神经退行性疾病,但疾病进展较快,致死率为100%。目前尚无有效的特异性治疗和预防手段。

人朊病毒病患者脑组织、眼球、脑脊液等具有明确的传染性,变异型克-雅病的血液也具有传染性。疯牛病病牛的脑组织及多种组织是目前确知的对人具有传染性的动物源性传染源。朊病毒可通过如下途径传播：使用脑组织制备或提取的生物制剂、神经外科手术、硬脑膜移植、眼角膜移植、输血等，食用疯牛病传染因子污染食品，食尸习俗（库鲁病）等。各年龄段人群均可感染，散发型克-雅病发病人群年龄多在50～70岁，遗传型朊病毒病发病年龄较轻，变异型克-雅病病患多为青年人和中年人。

朊病毒病有如下典型症状：（1）快速进展性痴呆。迅速恶化的痴呆综合征，起病数周至数月内出现智能减退并达严重程度。（2）小脑症状。主要症状有站立不稳、走路摇晃等平衡失调等。（3）肌阵挛。快速的肌肉运动，呈现突然的、短暂的、电击样不自主抽动。（4）锥体和锥体外系症状。主要表现为随意运动的功能障碍，常见症状为肌张力障碍、肢体震颤、扭转等。（5）无动性缄默。表现为对刺激有反射性的四肢运动，但无随意运动、自发言语以及任何情绪反应。

十、西尼罗病毒病

西尼罗病毒病是由西尼罗病毒（West Nile virus, WNV）引起的传染病，是一种人兽共患病，也是蚊虫传播的传染病，病毒在自然循环呈典型的"蚊—鸟—蚊"循环，带病毒的蚊虫叮咬人类可得病，以发热和脑炎为主要表现，又称西尼罗热或西尼罗脑炎。西尼罗病毒病广泛流行在全球40多个国家和地区。该病毒20世纪30年代首先在非洲发现，并逐步向其他地区扩散，并在多地暴发。1999年，美国开始流行，在纽约的暴发中，62人发病，7人死亡，另有上千只鸟和9匹马死亡。1999年在俄罗斯的暴发流行中，大约1000人发病，至少40人死亡。2000年在以色列的暴发流行中，报告439人发病，29人死亡。2002年，再次在美国流行，其44个州共发病4156例，死亡284例。西尼罗病毒病已成为美国人健康的重要杀手之一。2004年8—9月，我国新疆发生脑膜炎/脑炎疫情，有证据表明存在西尼罗病毒感染。

西尼罗病毒病的潜伏期一般为3～12天，大约80%的人没有症状，根据感染者的不同表现可分为两种类型——西尼罗热和西尼罗脑炎。青壮病人多表现为西尼罗热，年龄较大者较易发展为西尼罗脑炎，甚至死亡。

西尼罗热主要表现为突然高热(39℃以上),常伴有寒战、周身不适、头痛、背痛、关节痛、肌肉痛,其他非特异性症状包括食欲不振、恶心、呕吐等,或在胸部、腹部、背部出现皮疹,淋巴腺会出现肿大,症状通常持续几天。感染西尼罗病毒者,每150人中大约有1人会出现严重症状,即西尼罗脑炎。除上述西尼罗热症状外,发病后1～7天内,患者出现严重的头痛、眼睛痛及冷战、嗜睡、烦躁、抽搐、神志不清、脖子僵硬、肌肉无力、昏迷等症状。这些症状可能持续几周,严重者导致死亡。病死率约为3%～5%。

第三节 应对措施

建立新发传染病监测网络,开展监测预警和风险评估,加强联防联控机制建设和提高联合防控能力,开展检测试剂、疫苗和药物等技术研究是应对新发传染病的有效措施。

一、监测

公共卫生监测(public health surveillance)是指长期、连续、系统地收集、分析、解释、反馈及利用公共卫生信息的过程。通过监测获得的信息可用来获得预警信息、确定新发传染病流行特征、预测流行趋势、评价干预效果,为开展公共卫生活动提供决策依据。针对新发传染病等生物安全的公共卫生监测包括对病人、动物宿主媒介、外环境及物品与病原的监测等。

1.对病人的监测

针对传染病病人的监测属于对疾病结果的监测。根据《中华人民共和国传染病防治法》,我国法定传染病分为甲类(2种,强制管理传染病)、乙类(26种,严格管理传染病,含2020年新增的新冠病毒肺炎)和丙类(12种,监测管理传染病)共40种。在我国领土范围内,发现法定报告传染病病例的所有责任报告人都应向当地疾控机构报告,同时还要报告相关的国际输入传染病,如埃博拉出血热、MERS等。病人监测的主要功能包括:(1)及时发现、诊断病例,发现新发传染病或新的公共卫生问题;(2)及时确定流行或暴发的存在;(3)监测传染病等公共卫生干预项目的进展和效果。

2.对动物宿主媒介的监测

一些传染病病原体将野生动物、禽类、昆虫等作为天然宿主,一定条件下可传给人和家畜。针对这类疾病,除对病人进行监测外,需对宿主动物进行监测和疫情调查。如鼠疫等自然疫源性疾病,其天然宿主为鼠类,对鼠密度、鼠种构成、鼠带菌率、其他动物带菌率和动物血清抗体的监测是控制鼠传疾病的重要环节。

3.对外环境及物品的监测

某些传染病病原体可在大气、土壤、水体、物体表面等外环境存活较长时间,人通过外环境接触病原体,从而增加感染风险,故需对外环境中该类病原体进行监测。如针对人感染高致病性禽流感进行禽类动物环境(如禽类市场、养殖场)中禽流感病毒的监测。针对新型冠状病毒肺炎进行冷冻食品及其外包装新冠病毒监测,等等。

4.对病原的监测

对传染病病原体的监测主要包括优势菌群监测、病毒型别监测、病原变异监测、耐药性监测等。传染病病原体监测为新发传染病的公共卫生风险评估、预警、疫苗研制和溯源等提供了依据。

监测是新发传染病防控等公共卫生实践的重要组成部分。充分利用监测信息,及时制定新发传染病公共卫生策略并采取有效的干预措施是疾病监测的最终目的。

二、风险评估与预警

基于监测数据开展新发传染病等风险评估和预警是保障生物安全的重要措施。风险评估是对可能引发公共卫生风险隐患的相关风险系统地进行识别、分析和评价的过程,其主要方法包括定性法、定量法、定性定量结合法。风险评估的实施步骤可归纳为计划和准备、实施、报告等三方面,具体流程如图2-1所示:

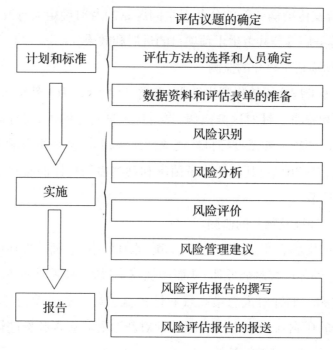

图2-1　风险评估实施步骤

　　针对传染病的日常风险评估应重点考虑甲类或按甲类管理的传染病,聚集性疫情或暴发疫情,监测中发现明显异常的传染病,发生多例有流行病学联系的死亡或重症的传染病,发生罕见、新发或输入性的传染病,发现已被消灭、消除的传染病以及群体性不明原因疾病等。对于自然灾害和事故灾难、重要突发公共卫生和生物安全事件、大型活动的专题风险评估,应重点整理、描述与事件有关的关键信息,列举并描述各种潜在的公共卫生风险,如新冠病毒肺炎常态化防控期间的大型活动主题风险评估。

　　预警是指收集、整理、分析相关信息资料,评估事件发展趋势与危害程度,在事件发生之前或早期发出警报,以预防或减少事件的危害。与传染病相关的预警主要包括:(1)病媒生物及宿主动物预警;(2)病原体演变预警;(3)人群易感性预警。当在监测中发现宿主动物与病媒的密度明显增加、病原携带率增高、大量异常死亡或宿主动物检出罕见病原微生物、病原体出现毒力增强、人群易感性水平降低等情况时,应将其作为相关传染病可能流行的征兆而发出预警,采用多点触发预警,可提高预警的敏感性和准确性,以便及时采取进一步的干预措施,如杀灭病媒生物、开展健康教育、采取个人防护、推行疫苗接种等。

三、应急处置

当出现新发突发传染病疫情,应秉持政府负责、联防联控、关口前移、预防预警,快速反应、有效救治,夯实基础、突出重点的原则,根据预先制定的应急预案,启动应急响应,对疫情进行应急处置。其中,隔离治疗病人和密切接触者医学观察、病人和外环境的采样检测、传染病的调查溯源和疫源地消毒是应急处置的四项重要手段。

1.隔离治疗病人

隔离治疗病人是控制传染源的主要手段之一。在早期发现和诊断病人后,应及时隔离治疗病人,以有效控制传染源,阻断疾病的传播。隔离病人是将其与周围易感者分隔开来,传染病病人或疑似病人一经发现要立即根据传染病所属类别实行分级管理,减少或消除病原体扩散。治疗病人有助于减弱其作为传染源的作用,防治传染病在人群中的传播蔓延。拒绝隔离治疗或者隔离期未满擅自脱离隔离治疗的甲类传染病病人和按甲类管理的乙类传染病病人、疑似病人和病原携带者,可由公安机关协助医疗机构依法采取强制隔离治疗措施。对潜伏期存在传染性的重要传染病,其密切接触者也需隔离医学观察,如新冠病毒肺炎的密切接触者需要隔离医学观察。

2.采样检测

针对病人、疑似病人、密切接触者、可能受污染的物品和外环境进行采样和检测是疫情防控的要求,也是流行病学调查溯源过程中不可或缺的一环。样本的正确采集、保存与运输是获得正确检测结果的必要前提,因此须由专业人员负责标本采集,并填写标本采集登记表。影响样品质量的因素包括采样时间、样品采集类别、合适保存液选择、保存条件(常温、低温、适温、冷冻)、送检是否及时等。标本采集人员应按照相关要求做好个人防护。

3.调查溯源

新冠肺炎疫情发生以来,流行病学调查逐渐为人所熟知。流行病学调查溯源就是要搞清楚病人发病前后活动的来龙去脉,探寻病人感染的来源、感染的过程,分析可能扩展传播的范围,界定有潜在感染风险的人群,从而采取紧急防控措施,如病人隔离、接触者医学观察、消毒以及宣教等,以防止或减少类似病人发生,控制疫情发展。

4.疫源地消毒

疫源地消毒是针对传播途径的处置措施,指对现有或曾经有传染源存在的场所进行消毒,其目的是消灭传染源排出的病原体。疫源地消毒可分为随时消毒和终末消毒。随时消毒是指当传染源还在疫源地时,对其排泄物、分泌物、被污染的物品及场所进行的及时消毒;终末消毒是指当传染源痊愈、死亡或离开后对疫源地进行的彻底消毒,从而清除传染源散播在外界环境中的病原体。对外界抵抗力较强的病原体引起的传染病才需要进行终末消毒,如鼠疫、霍乱、病毒性肝炎、肺结核、伤寒、炭疽、白喉等。

四、预防与检疫

1.防护措施

预防性消毒是指在未发现传染源的情况下,对可能被病原体污染的物品、场所和人体进行消毒的措施,如公共场所消毒、运输工具消毒、饮用水及餐具消毒、医院手术室消毒等。应根据不同消毒对象正确选择消毒方法和消毒剂。

个体的预防措施主要包括洗手、预防性消毒、注射疫苗和其他防护措施,如穿防护服、佩戴口罩等。其中,勤洗手是最简单有效的预防疾病传播的途径之一。世界卫生组织定义的正确洗手需要满足四项标准:(1)吃东西前、上厕所后、干完活或下班后、接触钱币后、去医院或接触病人后等五种情景下每次都洗手;(2)洗手时使用流动水冲洗;(3)洗手时使用肥皂、香皂、洗手液等清洁用品;(4)洗手时长不少于20秒。无洗手条件时,可采用手消毒剂擦手。

2.卫生宣传、健康教育

卫生宣传和健康教育都是改变人群对疾病的认知、情感、态度、思想、行为的方法。卫生宣传主要着眼于卫生知识的单向信息传播,也是健康教育的手段,健康教育则着眼于促进个人或群体改变不良的行为与生活方式。针对重大/新发传染病的卫生宣传和健康教育应针对传染病的特点、传播特征、临床表现、传染病的个人预防、疫苗接种、防控政策和传染病法律法规等方面展开。

3.检疫

检疫指限制无症状的受染嫌疑人的活动和(或)将无症状的受染嫌疑人及有受染嫌疑的行李、集装箱、交通工具或物品与其他人或物体分开,以防止感染或污染的可能播散。依据卫生检疫的实施范围,按照《中华人民共和国国境卫生检疫法》和《国内交通卫生检疫条例》开展国境卫生检疫和国内交通卫生检疫。其中,国境卫生检疫的实施范围较广,包括承担执法、收集整理报告传染病信息、卫生监督、卫生检疫、预防接种、健康检查、医疗服务、国际旅行健康咨询和卫生宣传、卫生检疫证件签发、流行病学调查研究以及执行国务院卫生行政部门制定的其他工作等多项任务;国内交通卫生检疫则是为了防止疫情在国内的扩散和蔓延,主要针对交通工具及其乘运人员、物资实施医学检查和必要的卫生处理。卫生检疫有强制性、技术性、预见性、综合性的特点,其内容包括人员检疫、交通工具检疫、环境检疫等。

(陈恩富、潘金仁、施旭光)

参考文献:

[1]詹思延.流行病学(第8版)[M].北京:人民卫生出版社,2017.

[2]唐家琪.自然疫源性疾病[M].北京:科学出版社,2005.

[3]胡世雄,孙倩莱,刘富强,等.2009—2011年湖南省禽流感外环境监测结果分析[J].疾病监测,2014,29(3):207-209.

[4]杨维中,祖荣强.突发公共卫生事件预警[J].中华预防医学杂志,2005,39(6):427-429.

[5]方艳.广东省疾病预防控制中心公共卫生风险评估制度[EB/OL].(2015-07-31)[2020-09-30].http://cdcp.gd.gov.cn/fdsa/content/post_1101414.html.

[6]WHO.如何正确洗手?[EB/OL].[2020-09-30].https//www.who.int/csr/resources/publications/swineflu/AH1N1_clean_hands/zh/.

[7]大连日报.大连市公共场所预防性消毒技术指南[EB/OL].(2020-01-24)[2020-09-30].https://www.weibo.com/ttarticle/p/show?id=2309404596835145875462.

[8]WHO.国际卫生条例(2005)第二版[M].Geneva:WHO Press,2015.

[9]刁连东,孙晓冬.实用疫苗学[M].上海:上海科学技术出版社,2015.

[10]World Health Organization. Influenza (Seasonal)-fact sheet[R/OL].(2018-11-6)[2020-9-30].https://www.who.int/en/news-room/fact-sheets/detail/influenza-(seasonal).

[11]冯子健.流感、禽流感和流感大流行:我们准备好了吗?[J].中华流行病学杂志,2018,39(8):1017-1020.

[12]任瑞琦,周蕾,倪大新.全球流感大流行概述[J].中华流行病学杂志,2018,39(8):1021-1027.

[13]袁政安.新发及再发传染病预防与控制[M].上海:复旦大学出版社,2018.

[14]中华医学会呼吸病学分会,中国医师协会呼吸医师分会.中国成人2019冠状病毒病的诊治与防控指南[J].中华医学杂志,2021,101:1-64.

[15]林迪,孙长贵.埃博拉病毒感染及其实验室检查[J].实验与检验医学,2014,32(5):495-497,513.

[16]郭雅玲,王超君.埃博拉出血热的防控策略及其研究进展[J].国外医学(医学地理分册),2015,36(1):5-8.

[17]许黎黎,张连峰.埃博拉出血热及埃博拉病毒的研究进展[J].中国比较医学杂志,2011,21(1):70-74.

[18]肖文彦.埃博拉出血热与埃博拉病毒[J].广西预防医学,2004,10(2):115-119.

[19]施旭光,陈恩富.埃博拉病毒病的流行病学和生态学[J].疾病监测,2015,30(2):162-166.

[20]刘阳,马志永,史子学,等.埃博拉出血热[J].中国人兽共患病学报,2017,27(11):1028-1030.

[21]张文生,李学军.埃博拉出血热的流行病学研究进展[J].现代预防医学,2007,34(15):2856-2857.

[22]丛显斌,张春华.世界鼠疫自然疫源地分布及人间鼠疫流行概况[J].中国地方病学杂志,2009,28(4):357-360.

[23]魏东,赵爱华,王国治,等.鼠疫疫苗研究的现状与展望[J].微生物与感染,2020,15(3):135-142.

[24]杨清銮,翁涛平,李杨.鼠疫的流行病学概述[J].微生物与感染,2019,14(6):333-337.

[25]方喜业,王光明.鼠疫[J].生物学通报,2006,41(9):1-4.

[26]金文婷,潘珏.鼠疫的临床诊治与预防[J].中国临床医学,2019,26(6):803-806.

[27]俞东征.鼠疫形势与我国鼠疫控制策略[J].国外医学(医学地理分册),2009,30(3):99-103.

[28]李晓光,王明琼.中国鼠疫的历史、现状与防控措施[J].国外医学(医学地理分册),2009,30(3):125-128.

[29]张春华.中国鼠疫疫情及其防治策略[J].国外医学(医学地理分册),2009,30(3):104-107.

[30]施旭光.布鲁氏菌病研究进展[J].浙江预防医学,2014,26(6):576-580.

[31]冯辉.布鲁氏菌病流行过程和预防控制的探讨[J].心理医生,2018,24(6):352-353.

[32]吕迎辉.新形势下布鲁氏菌病的预防和控制[J].中国卫生产业,2015,12(35):97-99.

[33]毛忠强,赵荣山.炭疽流行病学与临床特点[J].北京军区医药,2001,13(6):400-401.

[34]谢双,靳晓军,李京京,等.炭疽实验室生物安全[J].生物技术通讯,2017,28(3):347-351.

[35]伏盛华.炭疽防治概述[J].旅行医学科学,2001,7(4):1-3.

[36]张炳根.炭疽的防治[J].南京部队医药,2002,4(1):78-80.

[37]刘水渠.关于人类猴痘[J].浙江临床医学,2004,6(12):1025-1026.

[38]关世运,尹明红,王文虎.猴痘的临床与防治[J].湖北省卫生职工医学院学报,2004,17(1):91-92.

[39]黄勋.猴痘病毒及其预防[J].中国感染控制杂志,2005,4(2):186-188.

[40]邓肖英.狂犬病的防制研究进展[J].应用预防医学,2010,16(S1):14-16.

[41]赵小东,张玉辉,徐奇,等.狂犬病的流行及防治[J].口岸卫生控制,2018,23(4):27-30.

[42]王树声.狂犬病研究进展[J].广西预防医学,2005,11(3):180-187.

[43]张莉.拉沙(Lassa)热的流行病学进展[J].国外医学(病毒学分册),2000,7(5):155-158.

[44]邵楠,曹玉玺,王环宇.拉沙热研究进展[J].微生物与感染,2016,11(6):329-337.

[45]常彬霞,刘文力.拉沙热[J].传染病信息,2004,17(2):71.

[46]孟军.西尼罗病毒病流行状况及应对策略[J].应用预防医学,2013,19(2):123-125.

[47]姜玲,左辉.西尼罗病毒的感染、蔓延及其警示[J].中国人兽共患病杂志,2005,21(2):179-181.

[48]张久松,曹务春,李承毅.一种新发传染病——西尼罗病毒感染[J].基础医学与临床,2004,24(2):113-120.

[49]方美玉,任瑞文,刘建伟.西尼罗病毒病研究进展[J].中华传染病杂志,2009,27(11):701-704.

[50]侯佩强,田承业,李克利.朊病毒及朊病毒病[J].上海预防医学杂志,2003,15(1):25-27.

[51]郭相博.朊病毒的研究进展[J].河北医药,2008,30(11):1782-1784.

第三章　重大和外来动植物疫病

第一节　现状

一、动植物疫病发生现状和特点

重大和外来动植物疫病防治工作事关农林业生产与生态安全、畜牧产业安全、公共卫生安全和社会和谐稳定，是政府社会管理和公共服务的重要职责，是农业农村工作的重要内容。这项工作得到了党中央、国务院和浙江省委、省政府的高度重视，先后出台了《植物检疫条例》《森林病虫害防治条例》《中华人民共和国动物防疫法》《病原微生物实验室生物安全管理条例》《浙江省松材线虫病防治条例》《重大动物疫情应急条例》《浙江省动物防疫条例》《中华人民共和国生物安全法》及与动植物检疫防疫相关的应急预案、防治技术规范等法律法规，规定了植物疫病坚持"预防为主，综合防治"的方针，动物疫病坚持"预防为主，预防与控制、净化消灭相结合"的方针和"加强领导、密切配合、依靠科学、依法防治、群防群控、果断处置"二十四字防控策略开展科学防疫工作。

随着改革开放和经济快速发展，我国人民生活水平显著提高，对农林牧渔等食品的市场供应数量和品质均提出了更高的要求。特别是畜牧业，在实现了从庭院式散养到集约化饲养转变的基础上，目前正在向绿色生态化、规

模标准化、数字智能化的养殖方式迈进,生产效率显著提高,极大地满足了畜禽及其产品的市场供应。同时,随着动植物及其产品国内外贸易的增长,动植物疫病传播的风险逐渐增加,传播速度加快、损失加大,给农林牧渔产业和公共卫生工作带来极大的威胁。我国动植物疫病防治,特别是动物疫病防控工作,仍面临着严峻的形势。

根据《中华人民共和国动物防疫法》规定,目前农业农村管理部门重点防控的动物疫病是指家畜家禽和人工饲养、捕获的其他动物发生的传染病、寄生虫病。目前,在全世界有记载的动物传染病有300余种,其中有250种为人兽共患病,危害比较大的有近90种。近年来,由于动物的行为、饲养方式、贸易全球化、气候变化、生态环境的破坏和变化等因素,一些新的动植物疫病出现速率在逐年加快,动物疫病表现得尤为明显,并出现新的流行态势。过去一些对人无致病或低致病的病原变异转化成对人类有强致病性的病原,一些原本仅限于动物之间传染的病原,现在也不明原因地传播给了人类。据世界卫生组织报告,近30年人类感染的新发病中,有75%来自动物源性病原体。当前,我国动植物疫病具有以下特点:

1.新发突发动植物疫病不断出现

以动物疫病为例,20世纪70年代以来,全球范围内新发的动物疫病约60种,以病毒病为主,其中半数以上为人兽共患病,主要分布在亚洲、非洲、欧洲和美洲,既有发达国家,也有发展中国家。新发突发动植物疫病不断出现的主要原因有:(1)生态环境恶化、人口增长、人类贸易活动增加、全球气候变暖等使动植物抗病性下降,病原微生物传播和接触机会增加,导致新发疫情,如植物疫病松材线虫病和动物疫病牛海绵状脑病、猪尼帕病等。(2)生产和栽培、养殖模式的变化,导致重大动植物疫病的高发、频发。如全球范围内畜牧业生产模式向规模化、工业化的转变,在很大程度上满足了提高生产率的需要,但同时也打乱了畜禽自然的生长规律,导致新发病不断出现,如鸭坦布苏病、猪圆环病毒病等;人工大面积栽培松树纯林,导致松材线虫病等,极易暴发成灾。(3)畜禽养殖量迅速增加,病原体可增殖或潜在可增殖的宿主也相应增多,病原体变异概率加大,进而使因病原体变异导致的新发病显著增多,如

H5和H7亚型禽流感、高致病性猪蓝耳病等。(4)受环境、植物抗性或动物免疫压力的影响,植物或畜禽群体中免疫水平不高或不一致,使原有的旧病有可能以新的面貌出现,病症呈现出非典型化特征,如非典型猪瘟、非典型新城疫等。

2.经济全球化加速了动植物疫病的传播,加大了危害

随着经济全球化,动植物及其产品的长距离交易流通日益频繁,人流、物流加剧,管理难度明显加大。特别是动物疫病,候鸟迁徙、边境动物跨境活动、国外畜禽品种的引进、旅客携带宠物和动物产品入境等因素,口蹄疫、非洲猪瘟、小反刍兽疫、牛结节性皮肤病等跨界疫病迅速传播,已经打破了原有的区域限制,成为各国防控的重点。

3.动物疫病中的人兽共患病防控压力不断加大

近年来,我国人兽共患病危害呈加剧趋势。人类传染病的防控与动物、生态环境密切相关,动物健康保护成为人类健康的第一防线,"同一世界,同一健康"的理念需要得到各级政府部门和全社会的认同和支持。目前,国家兽医主管部门公布的《人畜共患传染病名录》列有牛海绵状脑病、高致病性禽流感、狂犬病、炭疽病、接触式布鲁氏菌病、日本血吸虫病等26种动物疫病。

二、存在问题

1.监测体系仍不完善

目前,基层动物疫病预防控制机构血清学检测能力基本具备,但病原学检测能力严重不足。部分省级水生动物疫病防控监测中心亟待建设,水生动物疫病防控网络尚未形成。陆生野生动物疫源疫病监测体系尚待完善,基础设施建设薄弱,监测能力亟待提高。农作物病虫害监测网络存在较多"盲点",草原地区生物灾害监测能力严重滞后。农药药害、中毒事故、农田环境影响、产品质量、抗性等安全性和有效性监测体系严重缺乏。针对不同疫病虫害的国家参考实验室体系仍不健全,诊断和监测预警能力亟待提升。入境旅客携带物检疫和邮寄物检疫口岸查验能力和对违禁物品无害化处理能力不足,部分口岸一线动植物检疫快速鉴定能力和外来有害生物监测能力不足,野生观赏类动物隔离设施基本空白,口岸动植物检疫监管相关基础设施

十分欠缺。

2. 装备和管理手段亟待提升

各类农畜产品跨区域、跨境流动大幅度增加,出入境人员和跨境网上购物数量井喷式增长,病虫害防控形势严峻,需要着力提高国内动物疫病和植物病虫害监测预警、扑灭净化和应急防治能力,提高口岸查验与检测装备智能化、科技化水平。各类实验室普遍缺乏可以自动化检测的检验检测仪器设备,检测质量与效率不高,基层及养殖、屠宰、田间、林间监测设施设备陈旧老化,信息化、自动化和智能化水平不高,应急防控工作缺乏快速鉴定和区域化、集约化、快速化处置的装备。病虫害绿色防控能力亟待加强,对农药兽药残留、非法添加化学物质、细菌耐药、病虫草抗药等化学性和生物性风险因子监测预警的手段需要完善,专业病死动物收集和无害化处理机制及运行模式需要进一步探索、完善和创新。

3. 防控与应急处置能力难以满足实际需求

近年来我国动植物疫情和病虫害持续呈现高发、多发态势,原有的疫病、虫害尚未根除消灭,新发疫病风险不断增加。受野生动物迁徙和畜禽养殖方式影响,国内口蹄疫、猪瘟、高致病性禽流感、新城疫等一类动物疫病污染面大、流行范围广、多种毒株并存。

全国大市场的建立推动了动植物产品大范围流动,大幅增加了疫病虫害防控难度,使原本一些地区性的病害进一步扩大了范围。农作物药害、农药抗性对有益生物的影响及农田环境污染等安全性问题时有发生,农作物、林木的新发病虫害种类日益增多,大量次要病虫害上升为主要病虫害。黏虫、草地螟、稻飞虱、稻纵卷叶螟等迁飞性和突发性害虫的暴发间隔期从过去的6～12年缩短到目前的3～5年,黄脊竹蝗、杨树食叶害虫、切梢小蠹等有害生物连年成灾。

我国因陆地边境线长、国际贸易和交流合作日趋频繁,导致外来有害生物频频敲击国门,有害生物截获数量逐年增长,动植物及其产品走私活动仍十分猖獗,外来动植物疫病虫害防控越显重要。

日益严峻的防控形势迫切要求相关机构提高监测、诊断密度,增强处理能力,尽量将危害控制在最小范围或初起阶段。

第二节　重大和外来动物疫病

我国动物疫病病种多、病原复杂、流行范围广,口蹄疫、高致病性禽流感等重大动物疫病仍在部分区域呈流行态势,存在免疫带毒和免疫临床发病现象。布鲁氏菌病、狂犬病、棘球蚴病(又称包虫病)等人兽共患病呈上升趋势,局部地区甚至出现暴发流行。疯牛病、非洲猪瘟等外来动物疫病传入风险持续存在,全球动物疫情日趋复杂。随着畜牧业生产规模不断扩大,养殖密度不断增加,畜禽感染病原机会增多,病原变异概率加大,新发疫病发生风险增加。

动物疫病数量与种类多、分布范围广,但政府动物防疫管理的公共资源有限,因此应在工作中根据动物疫病对养殖业生产和人体健康的危害程度,实行重点动物疫病重点防范的策略。国务院《重大动物疫情应急条例》明确了重大动物疫情是指高致病性禽流感等发病率或者死亡率高的动物疫病突然发生、迅速传播,给养殖业生产安全造成严重威胁、危害,以及可能对公众身体健康与生命安全造成危害的情形,包括特别重大动物疫情。

在防控工作中,根据《中华人民共和国动物防疫法》,将动物疫病分为三类:一类疫病是指口蹄疫、非洲猪瘟、高致病性禽流感等对人、动物构成特别严重危害,可能造成重大经济损失和社会影响,需要采取紧急、严厉的强制预防、控制等措施的;二类疫病是指狂犬病、布鲁氏菌病、草鱼出血病等对人、动物构成严重危害,可能造成较大经济损失和社会影响,需要采取严格预防、控制等措施的;三类疫病是指大肠杆菌病、禽结核病、鳖腮腺炎病等常见多发,对人、动物构成危害,可能造成一定程度的经济损失和社会影响,需要及时预防、控制的。具体的一、二、三类动物疫病病种名录由国务院农业农村主管部门制定并公布,目前列有157种,其中一类17种,二类77种,三类63种。

下面简要介绍我国重点防控的口蹄疫、高致病性禽流感,新传入我国的

非洲猪瘟、牛结节性皮肤病、小反刍兽疫,对畜牧生产影响重大的猪瘟、新城疫、猪繁殖与呼吸综合征及目前已在我国边境地区发生且传入我国风险较高的非洲马瘟。

一、口蹄疫

口蹄疫(foot and mouth disease,FMD)是由口蹄疫病毒引起的一种急性、热性、高度接触性传染病,主要感染偶蹄动物,包括黄牛、水牛、奶牛、牦牛、山羊、绵羊、猪等家畜和野水牛、野牦牛、野猪、野鹿、长颈鹿、野骆驼、黄羊、岩羊等野生动物,其中牛对口蹄疫病毒最易感。该病被世界动物卫生组织列为法定报告的动物疫病,中国将其列为一类动物疫病。

口蹄疫病毒有O、A、C、南非1、南非2、南非3及亚洲1型共7个血清型,血清型间几乎无交叉免疫保护,针对某一个血清型的口蹄疫疫苗不能保护其他血清型口蹄疫病毒的感染。我国共发生过由O、A和亚洲1型3个血清型感染的口蹄疫疫情,目前风险危害最大的是O型和A型口蹄疫,亚洲1型口蹄疫自2009年之后得到有效控制,未见临床病例报告。

口蹄疫易感动物较多,口蹄疫病毒可通过接触传播和空气传播,特别是可通过气溶胶传播,且速度极快,几个小时即可迅速蔓延并导致未免疫畜群100%发病。奶畜暴发口蹄疫会导致产奶量减少,并存在由于动物体重减轻而导致生产力下降的情况。

此病对经济和世界贸易危害极大。我国台湾地区从1997年3月暴发到有效控制,共扑杀动物40多万头,造成直接经济损失4亿美元,间接经济损失36亿美元。英国亦曾暴发家畜口蹄疫疫情并在全国范围传播,直接影响到法国、德国、荷兰等国,从2001年2月暴发到有效控制,共扑杀家畜600万头,造成直接经济损失27亿英镑。因此,该病在国际上属严格检疫病种,有疫国家不仅因对国内的畜牧业生产造成严重危害,其动物和动物制品贸易还会被限制,造成重大经济损失。

从全球形势来看,口蹄疫区域性流行和跨区域传播特点明显。不同口蹄疫流行国家或地区的主导流行毒株存在差异,加上田间流行病毒毒株本身变异较快,易出现与疫苗毒株匹配性较低导致免疫保护效果下降的现象,这类毒株一旦传入我国,引起的危害和损失更大。根据农业农村部公布的疫情信息,2005—2020年,我国每年在牛、羊、猪上都有口蹄疫疫情发生,呈现散发流行,疫情主要发生在活畜调运、屠宰、市场交易、养殖等环节,主导流行病毒毒株较为复杂,给防控工作带来困难。

此病在我国作为重大动物疫病进行预防和控制,主要采取免疫为主,结合监测、流通监管、扑杀、净化的综合防控策略。例如开展强制免疫,评估疫苗免疫密度和免疫效果,及时发现和消除疫情风险;提升养殖场生物安全水平,防止外疫传入;开展监测与流行病学调查,监控当地主导毒株和变异情况,选择与当地流行毒株相适应的疫苗进行免疫,提高科学防控效率;加强应急管理,一旦发现疫情,按照"早、快、严、小"原则,迅速采取封锁、扑杀和无害化处理措施,防止疫情蔓延;加强流通监管、动物卫生检疫和监督执法,减少通过流通渠道带入疫源风险,保障畜产品安全。

二、高致病性禽流感

禽流感(avian influenza, AI)是由A型禽流感病毒引起的禽的一种从呼吸系统到全身性败血症等多种症状的禽类病毒性传染病,家禽及野生鸟类均可感染,在全球多个国家和地区都曾暴发和流行。禽流感病毒属于正黏病毒科A型流感病毒属,其血清亚型多,传染性强,分布广,有一定的宿主特异性,病毒易发生变异。根据病毒表面蛋白血凝素和神经氨酸酶抗原性的不同,可将其分为16个HA亚型和10个NA亚型。根据病毒对家禽的致病性和毒力的差异,可将禽流感病毒(AIV)分为高致病性禽流感病毒(HPAIV)、低致病性禽流感病毒(LPAIV)和无致病性禽流感病毒(NPAIV)。其中,高致病性禽流感通常是由H5和H7亚型引起的,因其传播快、危害大,被世界动物卫生组织列为法定报告动物疫病,我国将其列为一类动物疫病,是严重危害养禽业的重大传染病之一。

2003年以后,H5N1亚型高致病性禽流感病毒先后在全球多个国家和地区流行和传播,给全球养禽业带来了巨大的经济损失。该病发生后可在家禽中快速传播和持续流行,我国每年都有家禽或野鸟疫情发生,多年来该病一直纳入农业农村部重大动物疫病范围。我国因存在野禽特别是候鸟可带病毒进行长距离传播、活禽跨省交易繁殖、调运距离长、养殖场生物安全水平较低等诸多不利因素,对家禽生产中的防疫工作提出了更高的要求,一旦工作松懈,极易发生疫情并造成严重损失。2004年发生在我国的高致病性禽流感疫情就造成了直接经济损失11.5亿元,其中疫病损失及控制费用2.2亿元,贸易损失9.3亿元。该病同时具有重要的公共卫生意义,1997年H5N1亚型禽流感首次在香港家禽中暴发和流行,同时发生跨种属传播感染人并致死的事件。世界卫生组织公布的数据显示,2003—2020年,人感染H5N1高致病性禽流感病毒病例累计达861例,死亡455例,死亡率为52.8%。其中,中国累计人感染53例,死亡31例,死亡率为58.5%。

H7亚型高致病性和低致病性禽流感病毒在全球范围内都有暴发和流行,波及的国家和地区较多,造成上千万家禽死亡,同时,其比H5亚型病毒更易发生跨种传播而感染人类。2013年2月开始,我国上海、安徽、浙江等省市相继出现了人感染H7N9禽流感的病例,并迅速传播至其他省份。H7N9流行初期的病毒只引起人群发病,家禽可以感染当时的人间流行毒株但并无明显临床症状,属家禽的低致病性禽流感,可在禽类中持续扩散和传播。农业部门考虑到该病的公共卫生意义,防控中采取了与重大动物疫病防控同样严格的防疫措施。随着流行年份的增加,2017年5月后出现了同样可感染人类的家禽高致病性H7N9禽流感毒株,家禽中的感染死亡率急剧上升。2013年以来我国报告的人感染H7N9确诊病例累计1459例,死亡573例,死亡率为39.3%。

目前H5N1和H7N9高致病性禽流感已列为我国的动物强制免疫病种,按照养殖主体负免疫主要责任、地方政府保免疫密度、部门保免疫质量的模式开展全面免疫,要求禽群的免疫抗体合格率在70%以上,家禽疫情和人感染病例迅速得到了有效控制,目前我国仅有小部分地区监测到该病毒存在。

三、牛结节性皮肤病

牛结节性皮肤病(lumpy skin disease,LSD)是由痘病毒科山羊痘病毒属牛结节性皮肤病毒引起的牛全身性感染疫病,临床上以发热、皮肤(黏膜、器官)表面广泛性结节、消瘦、淋巴结肿大、皮肤水肿为主要特征,发病率在5%~45%之间,病死率最高可达10%。世界动物卫生组织将其列为法定报告动物疫病,农业农村部暂时将其列为二类动物疫病。此病传播途径广泛,传播媒介众多,主要通过吸血昆虫(蚊、蝇、蠓和蜱等)叮咬传播,也可通过污染的饮水、饲料或直接接触传播。牛结节性皮肤病病毒自然宿主主要是牛,各品种牛均易感,无明显的品种特异性。家兔、绵羊、山羊、长颈鹿和黑羚羊等也可能被感染。牛结节性皮肤病首次出现在赞比亚,先后在非洲、西亚、中亚、东欧传播流行,2019年传入我国新疆地区,随后在我国其他多个省份发生,属新传入我国的外来动物疫病,给养殖业造成了巨大的损失。

目前此病主要采取免疫和扑杀相结合的防控策略和措施:(1)开展紧急免疫接种。对极有可能传入的集约化牛场、大型奶牛场等实施紧急免疫策略。同时对所有紧急免疫动物实施严格隔离和移动控制。若疫情继续扩散,可基于评估扩大免疫接种范围。(2)加强牛结节性皮肤病检测诊断能力,建设并开展监测排查,掌握疫情发展动态。(3)做好应急处置,防止疫源扩散。一旦发生疫情,迅速对病牛及接触牛进行扑杀和无害化处理。(4)加强培训与宣传。开展对养殖场户和防疫人员牛结节性皮肤病防控知识的培训和宣传,落实好养殖、流通等主体的防控措施。

四、非洲猪瘟

非洲猪瘟(African swine fever, ASF)是由非洲猪瘟病毒感染家猪和野猪而引起的一种急性、出血性、烈性传染病,发病率和死亡率可高达100%。该病被世界动物卫生组织列为法定报告动物疫病,我国暂时将其作为一类动物疫病管理。非洲猪瘟病毒由于型别较多,病原结构和免疫机制复杂,目前尚无批准的有效疫苗可用,因此对其防控难度较大。

1921年,肯尼亚首次报道非洲猪瘟疫情,随后蔓延至非洲南部、中部及东部地区,目前已在非洲传播并持续存在。非洲猪瘟于1957年传入葡萄牙,并于1960年在西班牙暴发。随后,法国、意大利、比利时、荷兰等欧洲国家陆续发生非洲猪瘟疫情。1971年,非洲猪瘟又传入美洲的古巴、巴西、海地及多米尼加等国家,2007年传至格鲁吉亚,继而传到阿塞拜疆、亚美尼亚、波兰、立陶宛、白俄罗斯,2009年传入俄罗斯,2018年传入我国,给我国养猪业带来了巨大的损失,导致生猪存栏数迅速减少。因传染性和致死率非常高,一旦发生非洲猪瘟疫情,无论大、中、小型养殖场或散养户,均会产生严重的经济损失,有的甚至破产,严重打击了养殖场、户的养猪积极性,影响养猪业的健康发展和市场供应。同时,受疫情影响,因猪只死亡率较高、生猪补栏不足,导致生猪供应紧张,生猪价格不断上涨,影响百姓生活。

主要采取以生动安全管理为核心的综合防控措施。包括:依靠提升养殖场生物安全水平,防止外疫传入;开展监测与流行病学调查,提升养殖场、屠宰场实时检测能力,及时发现传播主要环节存在的风险,提高科学防控效率;加强应急管理,一旦发现疫情,按照"早、快、严、小"原则,迅速采取封锁、扑杀和无害化处理措施,防止疫情蔓延;加强流通监管、动物卫生检疫和监督执法,减少通过流通渠道带入疫源,保障畜产品安全。

五、小反刍兽疫

小反刍兽疫(peste des petits ruminants,PPR)是一种由小反刍兽疫病毒引起的急性且具有高度传染性的疾病,主要感染山羊和绵羊,具有较高的发病率和死亡率。该病被世界动物卫生组织列为法定报告动物疫病,我国农业农村部将其列为一类动物疫病。

小反刍兽疫自1942年首次在西非象牙海岸科特迪瓦发现后,一直呈扩散蔓延趋势,已扩散到亚、非地区的40多个国家,对全球养羊业形成巨大威胁。其临床症状主要表现为高热(发热)、口和鼻腔分泌物增加、坏死性和糜烂性口炎、胃肠炎、腹泻和支气管肺炎等,最后导致动物死亡。2010—2019年,非洲、亚洲和欧洲27个国家和地区报告2879起小反刍兽疫疫情,发病羊405991只,病死羊43743只,销毁羊72594只。小反刍兽疫是外来动物疫病,2007年首次传入我国西藏。2014年,我国因活羊大范围交易流通导致暴发小反刍兽疫疫情,共有22个省区市发生疫情254起,发病羊31722只,病死羊14268只,销毁羊49447只，造成巨大经济损失。此外，由于本次疫情影响，我国养羊业受到毁灭性打击，羊毛价格从2014年起一路走低，一直持续到2017年，养羊业都在低谷徘徊。2014年后我国对该病实施强制免疫政策，由于该病疫苗保护效力高，全面实施免疫后，疫情得到有效控制。

目前对小反刍兽疫主要采取以免疫为主的综合防控策略。我国将小反刍兽疫列入强制免疫病种，按养殖主体负免疫主要责任、地方政府保免疫密度、部门保免疫质量的模式开展系统全面免疫，要求羊群的免疫抗体合格率在70%以上；开展监测，持续评估疫苗免疫密度和免疫效果，及时发现和消除疫情风险；开展调查疫源传播的主要环节，提高科学防控效率；加强应急管理，一旦发现疫情，按照"早、快、严、小"原则，迅速采取封锁、扑杀和无害化处理措施，防止疫情蔓延。

六、猪瘟

猪瘟（classical swine fever，CSF）是由黄病毒科猪瘟病毒属的猪瘟病毒引起的一种急性、发热、接触性传染病，病死率可高达100%，世界动物卫生组织将其列为法定报告传染病，我国农业农村部将其列为一类动物疫病。

猪瘟呈全球分布，流行于大部分亚洲、中美洲、南美洲和东欧国家，部分加勒比和非洲国家，偶尔散发于部分中欧和西欧国家，同时在部分欧洲地区野猪群中呈地方流行性，成为引发家猪疫情的重要传播来源。猪瘟病毒只有1个血清型，分为3个基因群和10个基因亚群，病毒对脂溶剂敏感，对温度、紫外线、化学消毒剂等抵抗力较强，在猪肉和猪肉制品中，病毒可存活数月，在4℃环境下可存活6周。猪瘟感染途径和传播方式广，猪可经消化道、呼吸道、结膜和生殖道黏膜感染病毒，也可经胎盘垂直传播病毒。

长期以来，猪瘟是困扰我国养猪业的主要疫病，造成极大经济损失。1956年，我国研制成功猪瘟兔化弱毒苗（C株），使猪瘟得到有效遏制，大规模的流行暴发基本得到控制，转为地方性流行的模式。2007年以来，我国实施了猪瘟疫苗的全面免疫策略，猪瘟疫情得到了有效控制，流行强度逐年下降，流行与发病特点也出现显著变化。尽管我国当前猪瘟污染范围仍然较广，但生猪发病以散发流行为主，表现为流行规模较小、影响程度较轻、季节性不明显等特点，疫情的表现形式也主要以温和型、非典型和母猪繁殖障碍症候群为主。发病猪年龄小且以非典型猪瘟和繁殖障碍性猪瘟为多，混合感染情况严重，免疫失败现象比较突出，给猪瘟防控带来了很大难度。

目前对猪瘟防控主要采取免疫接种和阻断传染源两种措施。免疫接种是当前防治猪瘟的主要手段，包括：制定科学的免疫程序，确保免疫效果；开展免疫监测，对不合格的场点进行疫苗接种；做好生物安全工作，把好引种关，防止将带毒猪以及持续感染病猪引入猪场，通过严格检疫和淘汰带毒猪，建立健康不带毒的繁育种猪群；猪群一旦发生并确诊为猪瘟感染，应迅速对猪群进行检查，隔离和扑杀病猪，并对其进行严格的无害化处理，全场进行紧急消毒处理；加强工作人员和物品管理及消毒。

七、新城疫

新城疫（Newcastle disease，ND）是由新城疫病毒引起的一种急性、高度接触性禽类传染病，其典型临床特征表现为呼吸困难、下痢、神经机能紊乱、黏膜和浆膜出血等。由于新城疫传播快、死亡率高，被世界动物卫生组织列为法定报告传染病，我国将其列为一类动物疫病。

鸡、火鸡和鸽子均对新城疫病毒敏感，鸭通常对新城疫病毒不敏感但可带毒。新城疫常表现为非典型临床症状，同时易与其他病原体发生混合感染，增加了临床的诊断和防治难度。

目前，新城疫在亚洲、非洲、中美洲和南非地区的大多数发展中国家已经成为一种地方流行性疫病，即使在一些发达国家，如日本、韩国等，近年来也有发生新城疫的报告。我国于20世纪80年代对新城疫实行了全面免疫的策略，对新城疫的防控起到了关键作用，该病得到较好控制，整体呈下降趋势，但在局部地区仍有持续性地方流行，免疫失败和免疫带毒现象长期存在。且由于感染宿主范围扩大、多种基因型并存等情况，尤其是我国主要流行的新城疫病毒基因型在不断进化中，需要加强病原监控，密切关注流行野毒的变异情况。

防控新城疫主要采取以免疫、扑杀为主的综合防控策略。由于该病发生疫情死亡率高、损失大，养殖主体普遍采用疫苗进行免疫。防控中同时还要加强饲养管理和制定科学合理的免疫程序，保持禽群的免疫抗体合格率在70%以上；加强监测，明确当地的主导流行病毒株和病毒变异情况，评估疫苗对流行毒株的保护效率；加强流通监管、动物卫生检疫和监督执法，减少通过流通渠道带入疫源引起疫情。

八、猪繁殖与呼吸综合征

猪繁殖与呼吸综合征（又名猪蓝耳病，porcine reproductive and respiratory syndrome，PRRS）是由猪的繁殖与呼吸综合征病毒引起的一种高度接触性传染病，同时也是一种重要的免疫抑制性疾病，各年龄段的猪均可感染，感染后可出现发热、呼吸系统和生殖功能衰竭、母猪流产、公猪生精功能下降以及仔猪死亡等症状，也可引起生猪大规模死亡。该病被世界动物卫生组织列为法定报告动物疫病。猪繁殖与呼吸综合征发病有两种表现：猪繁殖与呼吸综合征病毒发生变异，可引起猪暴发大流行并导致很高的死亡率，称为高致病性猪蓝耳病，我国将其列为一类动物疫病；表现为常规临床症状和损失，以繁殖障碍为主的，称为猪繁殖与呼吸综合征，我国将其列为二类动物疫病。

猪繁殖与呼吸综合征传播方式多样，空气传播、接触传播、精液传播和垂直传播为其主要传播方式，主要感染途径为呼吸道。猪繁殖与呼吸综合征1987年在美国首度被报道，随后在北美洲、亚洲和欧洲的养猪国家迅速传播和暴发流行。2006年6月份以来，泰国及我国大范围暴发生猪高热病，造成数百万头猪发病，大量生猪死亡，给我国的养猪业带来极为严重的经济损失，引起了社会的广泛关注。目前猪繁殖与呼吸综合征几乎遍及世界各养猪国家，也是我国母猪繁殖障碍和猪呼吸道疾病的主要疫病之一。它在我国流行主要有以下特点：（1）病毒变异较快，多种基因型病毒在国内同时存在，自然界中重组偶有发生，可能引起猪繁殖与呼吸综合征疫苗的免疫失败，发生新的流行。（2）与其他病原体共同感染猪机体，猪群健康水平下降，易引起疫情暴发。

目前对此病主要采取疫苗接种和生物安全防控的综合措施。疫苗免疫是防控猪繁殖与呼吸综合征病最有效的手段,根据猪群抗体水平和污染病毒的不同毒株分布,制定科学的免疫程序,可有效降低养殖场发生本病的风险。定期开展免疫效果评估,使猪群保持免疫抗体处于较高水平。由于该病的发病机制特殊,对临床稳定的猪场,不要随意变更免疫疫苗种类与疫苗毒株。

实施严格的生物安全措施也是防控猪繁殖与呼吸综合征的有效手段之一。养殖场应做好生物安全工作,评估猪繁殖与呼吸综合征病毒可能的入侵和传播途径,识别养殖环节中的各类环节,并制定风险管理策略,防止猪繁殖与呼吸综合征病毒的传播和传入。

九、非洲马瘟

非洲马瘟(African horse sickness, AHS)是由非洲马瘟病毒引起的一种马属动物急性或亚急性传染病,具有较高的病死率,被世界动物卫生组织列为法定报告动物疫病,我国将其列为一类动物疫病。马对本病易感性最高,死亡率为50%～95%,骡死亡率约为50%,驴死亡率约为10%。非洲马瘟病毒目前具有9个血清型,各血清型之间没有交叉免疫关系。该病主要通过库蠓类昆虫叮咬在易感动物间传播,其中拟蚊库蠓是最重要的传播媒介,伊蚊、螫蝇、按蚊等吸血昆虫也可传播。患畜临床特征主要表现为发热、皮下结缔组织水肿、肺水肿及内脏出血。一旦感染,致死率高,将对自然条件下马属动物和养殖业造成巨大经济损失。

非洲马瘟在撒哈拉沙漠南部的非洲热带和亚热带地区呈地方性流行,范围很广,西起塞内加尔、埃塞俄比亚,东至索马里,并向南扩展至南非北部,后传播到北非、中东、阿拉伯半岛、西南亚和地中海区域国家(西班牙和葡萄牙)。2020年3月,泰国也曾暴发非洲马瘟疫情,涉及341匹马,其中62匹发病,42匹死亡,经济损失巨大,其最近疫点距离我国国境不足800千米。随着贸易的全球化,非洲马瘟的传播范围不断扩大,加上近年来我国周边国家多次发生非洲马瘟疫情,传入我国的风险急剧增加。

非洲马瘟目前尚无有效治疗药物,我国首先应加强入境马属动物的检疫,将病原体拒之于国门外。发现确诊感染马应立即隔离、封锁,对感染马进行扑杀和无害化处理;感染风险地区应对健康马进行免疫接种,疫苗使用前应对流行的病毒确定血清型,选择对应的疫苗毒株进行紧急免疫;阻断病毒感染昆虫媒介,净化环境,使用杀虫剂、驱虫剂或者筛网等灭虫,做好生物安全防控措施。发生可疑病例时,应启动应急预案,强制性地控制和扑灭疫情。

第三节 重大和外来植物疫病

重大和外来植物疫病往往具有传染性强、传播速度快、危害性大等特点,根据2013年原国家林业局发布的《全国林业检疫性有害生物名单》,检疫性病害有3种,分别为松材线虫、落叶松枯梢病菌、松疱锈病菌等。2020年,农业农村部公布《全国农业植物检疫性有害生物名单》,共有检疫性病害19种,其中真菌性病害6种,细菌性病害7种,病毒性病害3种,线虫引起病害3种。2007年国家质检总局与农业部共同制定的《中华人民共和国进境植物检疫性有害生物名录》中对外检疫性病害有242种,其中真菌性病害125种,原核生物(细菌性病害)58种,病毒性病害39种,线虫引起病害20种。

一、松材线虫病

1.发生和分布

松材线虫病(又称松树枯萎病,pine wilt disease),是国际上一种重要的检疫性病害,因病原松材线虫寄生于松树体内导致树木迅速死亡的毁灭性病害。松材线虫病具有传播途径多、发病速度快、潜伏侵染时间长、治理难度大等特点,一旦发病,被害松林常大面积枯死,从远处看似火烧状,危害性极大,所以有"松树的癌症"和"松树艾滋病"之称,已被列入我国森林病虫害之首。

松材线虫主要起源于美国、加拿大、墨西哥等北美国家,在那里并未对当地松林造成严重危害,后来相继传入欧洲(希腊、葡萄牙)、非洲(尼日利亚)和亚洲(中国、韩国和日本)等多个国家,对当地松林造成严重破坏,特别是在中国、日本和韩国,引起松树大量死亡,严重影响当地的森林景观和生态安全,

也使松木板材及观赏松木的市场受到严重冲击,已成为影响世界经济贸易的重要因素之一。

2.在我国危害现状

我国于1982年在南京中山陵首次发现松材线虫病,虽然全力开展救治,但多年来,因松材线虫病损失的松树累计已达数十亿株,造成直接经济损失和生态服务价值损失上千亿元。目前,该病害在我国18个省区市588个县级行政区发生面积974万亩,呈向西、向北快速扩散态势,最西端达四川省凉山州,最北端已至辽宁北部多个县(区),并已入侵多个国家级风景名胜区和重点生态区。同时,疫情发生区域突破了传统理论提出的年均气温10℃以上的适生界线,传播媒介也发现了云杉花墨天牛等新种类,危害对象由过去的马尾松、黑松扩大到红松、落叶松等松树种类,直接威胁到我国近9亿亩松林资源安全。

浙江省是松材线虫病危害最为严重的区域之一,自1991年发现疫情至今,在防控方面取得了较大成绩,有效遏制了松材线虫病的快速传播和蔓延。近年来,由于浙江省经济飞速发展,人员物质交流频繁,加之气候环境的变化(冬季极端低温、夏季高温干旱及温室效应等),松材线虫病疫情出现了新的变化。从空间分布来看,松材线虫病呈跳跃式发生,新的疫点不断增加;从时间分布来看,每年松材线虫病发生时间有所提前,因暖冬和温室效应,病害危害高峰期不断延长。浙江省疫点数以平均5年翻一番的速度在增加,至2019年,已公布的松材线虫病疫区已达53个县。松材线虫病发生形势的变化对浙江省松材线虫病的综合防控工作提出了更新更高的要求。

松材线虫病防治是个世界难题,自我国对松材线虫病实施工程治理以来,在一定程度上减缓了它扩展蔓延的速度,但效果并不十分理想,感病松林面积仍在连年增加。由于容易感病寄主的广泛分布,大部分区域的气候条件为松材线虫的适生区,以及大量媒介昆虫在松林间的广泛存在,目前我国大部分省份仍面临松材线虫病进一步扩展蔓延的严重威胁。

3.症状及诊断方法

寄主松树被松材线虫侵染后疏导组织受阻,表现为松脂分泌减少,蒸腾作用减弱,部分针叶褪绿并逐渐加重变成黄褐色,最后松脂停止分泌,短时间内整株萎蔫枯死,枯死后针叶呈红褐色,不脱落。

松材线虫病的症状大致可分为以下四个阶段:(1)外观正常,松脂分泌减少或停止,蒸腾作用下降。(2)针叶逐渐变色,松脂分泌停止,可观察到天牛或其他甲虫为害、产卵痕迹。(3)大部分针叶变为淡褐色、萎蔫,可见甲虫蛀屑。(4)针叶全部变为黄褐色或红褐色,病树整株枯死,树体有多种次生害虫栖居。

松材线虫病一般在病原线虫侵染松树15～30天后出现针叶萎蔫变色症状,外部症状出现30～45天后即可死亡。基于以上病因和病症,形成了较为成熟的松材线虫病早期诊断系统。如:基于感病植株林间表现症状的症状诊断法;基于松材线虫形态学鉴别特征的形态学诊断法;基于蛋白质电泳、同工酶分析、免疫学检测及纤维素酶扩散的生化检测法;基于树干打孔观察松脂分泌情况的流胶诊断法;基于挂设诱捕器或设立诱木诱集天牛成虫,分离成虫体内携带松材线虫进行判定的天牛引诱辅助诊断法。此外还有化学诊断法(酸性品红追踪法、酸碱指示剂法和显色法)、电生理学方法、光谱学检测法、早期检测管法和分子生物学诊断法(探针法、RAPD-PCR法、PCR-RFLP法、PCR-SSCP法、实时荧光定量PCR法和特异引物PCR法)等。

4.传播途径

松材线虫主要通过自然传播和人为传播两种途径扩散疫情。自然传播借助媒介松墨天牛完成侵染过程:5—6月,松材线虫幼虫由松墨天牛成虫携带到达健康松树上,从天牛取食造成的伤口处进入健康树体,之后蜕变为成虫,取食薄壁细胞并大量繁殖,向树体健康部位扩散,冬季以幼虫形式越冬。松墨天牛在感染了松材线虫的松树上产卵并孵化出天牛幼虫,再生长、做蛹室。翌年春季,羽化为成虫的松墨天牛又携带松材线虫重新感染新的健康树。人为传播是通过人为活动将感病的制品、包装材料、媒介昆虫等由病区带入无病区造成疫情扩散。

5.传播媒介昆虫识别

据研究,传播松材线虫的媒介有天牛科28种、吉丁科1属、胫象科1属的昆虫。但在我国松材线虫分布区中,最主要的传播媒介均为松墨天牛。

松墨天牛(又称松天牛、松褐天牛),属鞘翅目天牛科墨天牛属,是世界范围内一种重要的林业检疫害虫,广泛分布于世界各地。松墨天牛的寄主植物主要包括马尾松、黑松、油松、赤松、黄山松、华山松、湿地松、火炬松、雪松等松属树种。

(1)松墨天牛的形态特征。

成虫 体长15～28毫米。体橙黄色到赤褐色,鞘翅上饰有黑色与灰白色斑点。前胸背板有两条相当宽阔的橙黄色条纹,与三条黑色纵纹相间。小盾片密被橙黄色绒毛。每一鞘翅具五条纵纹,由方形或长方形的黑色及灰白色绒毛斑点相间组成。触角棕栗色,雄虫第一、二节全部和第三节基部具有稀疏的灰白色绒毛;雌虫除末端二、三节外,其余各节大部被灰白毛,只留出末端一小环是深色。雄虫触角超过体长一倍多,雌虫约超出三分之一,第三节比柄节约长一倍,并略长于第四节。前胸侧刺突较大,圆锥形。鞘翅末端近乎切平。

幼虫 除头为黑褐色,前胸背板为褐色外,其余体节均为乳白色到淡黄色,无足。

蛹 乳黄色圆筒状,长约15～30毫米。

卵 白色米粒状,长约4毫米。

(2)松墨天牛的危害特点。

幼虫主要危害生长较弱的或者是已经砍伐植株的韧皮部和木质部。松墨天牛成虫啃食枝干的嫩皮用来补充营养,植物运输养料、水分的通道被切断,影响松树的健康成长,最终造成植株死亡。

(3)松墨天牛的发生规律。

在浙江一年发生一代。老熟幼虫在被害树干木质内部过冬,翌年3月下旬越冬幼虫在虫道末端蛹室化蛹。4月中旬成虫开始羽化,咬羽化孔飞出,啃食嫩枝、树皮补充营养。5月为盛期。成虫具有趋光性,性成熟后,在树干基部或粗枝条的树皮上咬一眼状刻槽,然后于其中产一至数粒卵。孵化的幼虫蛀入韧皮部、木质部与边材,蛀成不规则的坑道。

6.发生机理

目前,松材线虫导致松树枯死的具体机制尚不明确,以下三种是较为认可的关于松材线虫入侵导致单株树木枯死的学说。

(1)管胞空洞化学说。由于蒸腾作用下降、代谢速率降低是松材线虫病树的主要症状之一,于是有人提出松材线虫导致松树枯萎是因为水分代谢受阻。研究发现,是管胞空洞化导致松树木质部水传导受阻的。这种现象是萜类化合物导致的,它从木质部薄壁组织细胞代谢产生后,通过纹孔外渗达管胞后发生气化,疏水性和较低的表面张力导致在皮层、木质部、韧皮部、髓心处出现空洞。这些地方的细胞大量死亡,这部分空洞导致水分被气体所取代,因而阻断了水分的传导。

(2)纤维素酶学说。通过分泌孔,松材线虫可以向自身体外所处的松树内环境中分泌大量不同的酶。纤维素酶是线虫通过口针向外分泌的,它会使松树薄壁细胞的细胞壁等结构遭到破坏,引起细胞损伤死亡,松脂反常地从松脂道中流到相邻的管胞中,使水分输导受到障碍,导致树木枯萎。

(3)毒物质学说。感染松材线虫病后,引起松树植株内某些代谢异常,合成有毒物质,导致松树枯萎。经过相关的接种试验,发现苯甲酸、二羟松柏醇和8-羟基香芹酮这些异常代谢物对松苗有致死作用,但是其具体机制尚不明确。

7.侵染循环

当松墨天牛从枯死的松树中羽化后,会迁徙到健康的树木上,并以新鲜健康的松树枝条为食,这些取食产生的伤口为线虫提供了入口(感染伤口)。通常感染3~4周后,被取食的树木开始出现枯萎症状,例如松脂流量减少,挥发物(包括乙醇和单萜烯)排放减少。这种挥发物将性成熟的松墨天牛吸引到感病的树干上,在那里交配,然后在出现产卵刻槽后产卵。松材线虫以排列在松脂道上的上皮细胞和侵入枯萎的树并在蛹室周围繁衍的真菌为食,在蛹室周围增殖的真菌是否适合线虫繁殖似乎决定了蛹室周围的线虫密度,并最终决定了每只松墨天牛携带的松材线虫数量。第二年,一般在5—8月之间,松墨天牛在蛹室化蛹。2~3周后,蛹皮在室内脱落,松墨天牛成虫由于刚羽化,会在蛹室待3~5天,在此期间,线虫的多尔(dauer)幼虫(扩散型第四阶

段)进入传播媒介(松墨天牛)体内。松墨天牛羽化期间,它们的呼吸道中会携带松材线虫。因此,松材线虫病的感染链至少由三种主要生物组成:松树寄主、携带松材线虫的松墨天牛和松材线虫。蛹室周围生长的真菌也是与这种独特疾病有关的重要生物。

8.防治

(1)加强疫木清理,控制传播源头。

开展林区病枯死树集中除治,按照国家林业和草原局颁布的《松材线虫病防治技术方案(修订版)》及《松材线虫病疫区和疫木管理办法》,对疫区内病枯死木、衰弱木,因风灾、火灾、滑坡导致的倒伏松木和遗留伐桩实行全域除治,降低疫区山场中松材线虫的原始基数以及带线虫媒介昆虫的数量,避免疫区内病害的蔓延和扩散。松树伐桩必须低于5厘米,同时1厘米以上的树干和枝丫必须在天牛羽化期前全部清理下山,防止携带线虫天牛羽化造成疫情的传播和扩散。

(2)加强植物检疫,切断传播途径。

检疫处理松材线虫病的检疫方法主要有:外观检验,对松木的外观生长情况、天牛危害情况及实行检查观测;解剖检验,将疑似患病的松木锯开,检查松木是否存在质量减轻、蓝变等现象,是否存在天牛蛀食坑道等;漏斗分离检测,粉碎挖取的疫木组织或天牛坑道附近组织,加水浸泡过滤,将滤液离心并取下部沉淀进行镜检,检查是否有松材线虫;松树木材在使用或出入境前需采取高温或杀线虫剂处理,若检疫中发现携带松材线虫病的松树或松木材料,必须采取烧毁、溴甲烷熏蒸或高温蒸煮等无害化处理措施;加强检疫执法,及时查处非法收购、加工、调运、使用松木及其制品案件,严防由于疫木流失造成疫情扩散。

(3)加强传播媒介昆虫防控,减少传播风险。

①化学防治。

在松墨天牛羽化期,对松树进行一次涕灭威注干处理,当年保株率可达100%。天牛羽化盛期,使用飞机进行两次超低量喷雾,喷洒2%的噻虫啉悬浮剂,对天牛成虫也有90%以上的防治效果。林间喷雾具有强触杀、胃毒和渗透性的倍硫磷,也可起到很好的防治作用。每年10月前,将400~600毫升/米²用量的杀螟松乳(油)剂喷洒于被害木表面,树木中天牛幼虫基本无一幸免。此外,丙硫磷、杀螟硫磷、MEP、MP等药剂,以及桉叶精油等驱避剂亦可用于松材线虫病的防治。

化学防治效果明显,针对性强,但易因雨水冲刷而降解,对环境污染严重,对环境生物伤害明显。

②生物防治。

通过寄生性天敌管氏肿腿蜂、日本肿腿蜂、川硬皮肿腿蜂、海南硬皮肿腿蜂和花绒寄甲等的人工繁育并林间释放,增加天敌在松墨天牛幼虫和蛹的寄生率,降低松墨天牛的虫口密度和危害程度。采用球孢白僵菌、绿僵菌和苏云金杆菌等生物菌防治松墨天牛也能取得较好的防治效果。

用于松材线虫病的生物防治技术对人兽、环境安全,且防治对象不产生抗性,是可持续性的防治方法,但施用技术要求高,效果不稳定。

③物理防治。

松墨天牛发生严重区域,可通过挂设专用诱捕器的方法诱杀天牛成虫以减少林分天牛虫口密度。也可在天牛羽化初期,于林区山脊或林道旁等空气流通处,选择细长的中等径级活立木作为诱木引诱天牛产卵并杀灭。

物理防治方法能够有效减少天牛的虫口密度,减缓松材线虫病在林分内的传播速度,但使用条件和要求较高,而且诱捕到的天牛连同诱木都必须进行严格的除害处理。

(4)加强监测和早期预警,遏制扩散和蔓延。

虽然浙江省松材线虫病发生较为严重,全省大部分地区都已经被国家林业和草原局列为松材线虫病疫区,但从松林面积上来看,已经发生松材线虫病的松林面积仍然只占所有松林面积的一小部分,绝大部分松林还是健康的,如何保护这些健康松林免受松材线虫病危害将是今后工作的重中之重。

利用先进高分卫星、遥感和无人机监测技术可以形成"天、空、地"三位一体的立体监测网络,做到早期发现和预警,及时采取相应的应急防控措施,避免松材线虫病大面积发生和扩散。首先,以卫星、航空遥感数据为基础开展

大尺度松材线虫病监测,防止松材线虫病在重要区域(森林公园、风景区、生态脆弱区等)的大面积发生和成灾,做到早期预警。其次,以小型无人机遥感数据为基础,实现松材线虫病树的高精度识别,监测松材线虫病的具体发生和扩散趋势,同时疫区的疫情监测结果也可以为松材线虫病的综合防控效果评价提供重要依据。

(5)加强重点松林保护,减少松材线虫病的发生和危害。

一些生态脆弱区、自然保护区、重要风景区的松树及古松树在自然景观、人文历史、生态环境保护及生物多样性保护等方面具有重要作用,树干注射松材线虫病免疫剂是保护这些特殊松林的有效措施。采用树干注药免疫剂方法,能够使药剂直接进入树体内,有效抑制松树体内松材线虫及其传播媒介昆虫的繁殖和增长,不与周围环境发生接触,可避免漂移对环境的污染及对人兽和其他有益生物的伤害,因此,是一种非常理想的无公害精准施药技术。但是存在无法根治松材线虫,每2~3年必须再次打药,人工及用药成本大,同时大面积用药容易导致产生抗药性等缺点。

二、柑橘黄龙病

1.危害

柑橘黄龙病是一种具有毁灭性的柑橘病害,是柑橘生产过程中最危险的一种病害,其病菌属于我国植物检疫性有害生物,在柑橘生长季节都可以发生,不仅仅危害性强,而且具有较强的传播性,会随着柑橘木虱快速传播。柑橘树受黄龙病侵染后,轻则树势衰退,产量骤减,果实品质下降,重则植株3~5年黄化枯死。一个长势茂盛的柑橘园感染黄龙病后可在几年内全部毁灭。我国广西、广东以及江西等地是柑橘主产区,这些地区柑橘黄龙病的蔓延十分迅速,广西南宁武鸣区双桥镇、锣圩镇、太平镇、宁武镇以及陆斡镇等地每年都会因为黄龙病导致几千万元的农业经济损失,广西部分地区的柑橘园黄龙病发病率在20%~30%之间。在柑橘黄龙病防治的过程中,如果防治措施不到位,会导致黄龙病迅速蔓延,进而导致大量柑橘树死亡。为了有效地控制柑橘黄龙病的发病率,农业农村部投资了9000万元打造黄龙病防控试点项目,以期为柑橘黄龙病防治提供示范。

2.病原

早在20世纪,国内外科学家针对黄龙病病原体的演化过程就开展了相关研究,最初的研究认为黄龙病是由水害引起的,直到林孔湘进行嫁接试验,才认为其是由病毒感染所致。1979年,柯冲使用电子显微镜观察到类立克次体(RLO)。1994年,Jagoueix(贾古埃克斯)等对黄龙病病原的非洲株系和亚洲株系的16SrDNA进行测序比对分析后,才最终确认黄龙病病原为革兰氏阴性细菌。病原体因只在柑橘韧皮部中生存,所以被称为韧皮部杆菌,通过带病苗木和柑橘木虱、非洲木虱、柚喀木虱传播蔓延,属于α-变形菌纲,包括3个暂定种,分别是亚洲种(CLas),非洲种(CLaf)和美洲种(CLam)。

3.症状

现有的商业化柑橘品种均易被黄龙病菌感染,主要寄主为芸香科的柑橘属、金柑属和枳属的植物。柑橘类果树在感染黄龙病以后其叶片会从基部、主侧脉以及边缘附近开始褪绿,并且逐渐形成黄斑,这些黄斑与其他没有褪绿的叶片部分交互形成了黄绿相间的斑驳叶片。柑橘感染黄龙病初期,树梢部分的叶片会出现比较明显的黄化现象,且无法转绿,在外界环境的影响下极易脱落。柑橘感染黄龙病中后期,新叶会出现十分明显的黄化现象。感染了黄龙病的柑橘在果实成熟以后,果蒂附近逐渐变黄,果脐周围仍保持青绿色,呈现"红鼻子果",果实的形状也呈现十分明显的梨状或者桶状,明显小于正常的柑橘果实,而且果实味酸,果皮变软。因此,柑橘果实着色不均匀或者畸形是柑橘感染黄龙病最直接的判断依据。柑橘树通常在病发后的几年内黄化枯萎,给果农带来巨大经济损失。

4.防控技术

(1)防除技术。

考虑到柑橘黄龙病主要是通过柑橘木虱传播的,因此要想进一步降低柑橘黄龙病的发生概率,必须加强对柑橘木虱的防除,实现对柑橘木虱的群防群控。要先在柑橘萌芽之前喷洒一次药剂,将前一年冬天残留的木虱杀死,等到春梢萌动以后再次喷药防治木虱,在这一阶段能够杀灭大量木虱成虫、幼虫以及虫卵。在条件允许的情况下,种植园还可以去除一些成年结果树木的夏梢,尽量保证放的夏梢整齐,当新的树梢长到2~3厘米时,及时喷药,在首次喷药结束以后7~10天进行二次喷药;统一放秋梢,并及时喷药,喷药方式与夏梢相同。清园药剂可选用机油乳剂加毒死蜱、丁硫克百威、吡虫啉、阿维菌素等;春梢喷洒药剂可选用毒死蜱加三唑磷、丁硫克百威加吡虫啉等;夏、秋梢期喷洒药剂可选用阿维菌素、高效氯氰菊酯加毒死蜱、丙溴磷、吡虫啉、辛硫磷、灭多威,全年确保防除柑橘木虱喷药6次。

(2)病树清理。

对柑橘黄龙病进行防控,要对染病的柑橘树木进行标记清理,在标记病树时要使用同种油漆在树干或者树冠上做相同的标记,一定要注意标记必须做在生长正常的部位,以免因为病枝脱落导致标记消失。等到冬季时对标记的病树进行统一清理,在清理病树之前为了预防木虱携带黄龙病感染其他的树木,需要提前施药,通过药物来控制柑橘木虱。在清理病树时,通常分为5个步骤:一锯,留兜3~5厘米;二划,切面划"十"字;三涂,切面涂草甘膦;四包,切面扎薄膜;五覆,土盖露面根。

(3)加强检疫。

新苗种植必须严格检疫,严禁调入带病苗木和接穗,选用无病健康柑橘苗木。在调运柑橘苗木时,同样要严格进行检疫,确保所有进入园区的苗木不携带任何病毒。如果在种植的过程中需要补种,一定要到正规的苗木培植单位进行订购,确保订购的苗木健康无毒。

(4)加强果园管理。

根据土壤情况及果树生长需要,科学合理施肥,可增施有机肥,促使果树生长健壮,增强树势,提高树体抗病能力。

三、香蕉穿孔线虫

1.危害

香蕉穿孔线虫是一种危害极大的植物病原线虫,可危害多种植物,是我国禁止进境植物检疫危险性有害生物,也是国际上公认的极为重要的检疫性植物线虫,被世界上许多国家和地区列入检疫性有害生物名单。2000年,我国进行农业植物有害生物疫情普查时,曾先后在广东、海南、福建、广西、云南等地的个别温室中发现该线虫,后经检疫控制已被铲除。但近年来我国不断从来自韩国、马来西亚、荷兰、印度尼西亚、菲律宾等国的红掌、肖竹竽、凤梨、红果等观赏植物上截获香蕉穿孔线虫。这表明,农业生产安全和农产品出口贸易存在潜在威胁。

2.寄主及症状

香蕉穿孔线虫的寄主植物达360多种,主要侵染危害芭蕉科的芭蕉属和鹤望兰属、天南星科的喜林芋属和花烛属、竹芋科的肖竹芋属,以及棕榈科和凤梨科等观赏植物,也可危害多种农作物和果树。不同寄主植物被香蕉穿孔线虫危害后,表现出的症状并不完全相同。如香蕉被侵染后,根表面产生红褐色略凹陷的斑痕,并出现边缘稍凸起的纵裂缝,将病根纵切开可见皮层上有红褐色条斑,随着病害的发展,根组织变黑腐烂;香蕉地上部则表现为生长缓慢,叶片小、枯黄,坐果少,果实小,由于根系被破坏,固着能力弱,蕉株易摇摆、倒伏或翻蔸,故香蕉穿孔线虫病又称为黑头倒伏病。多数观赏植物被害后,一般表现为根部出现大量空腔,韧皮部和形成层可完全毁坏,出现充满线虫的间隙,使中柱的其余部分与皮层分开,根部坏死斑呈橙色、紫色和褐色,根部坏死处外部形成裂缝,严重时根变黑腐烂;地上部一般表现为叶片缩小、变色、新枝生长弱等衰退症状,严重时萎蔫、枯死。

3.形态特征

(1)雌虫。

体长520~880微米,虫体呈线形,从虫体中部向两端渐变细,热杀死后虫体稍向腹面弯曲。头部低,前端平圆,不缢缩或略缢缩,头环3~4个;侧器口延伸到第三环基部;侧区有四条侧线。口针和基部球发达,食道发育正常,中食道球卵圆形,有显著的中食道球瓣;后食道腺长叶状,从背面或背侧面覆盖肠。阴门显著,双生殖腺,对伸;受精囊球形;尾通常呈长圆锥形,尾后部透明区平均长度通常超过9微米,透明区的环纹不规则,尾端部形态变化多样,多数呈规则或不规则圆锥形,末端钝,少数有一指状突或略分叉,尾端光滑或有不规则的环纹。

（2）雄虫。

体长 530～700 微米，虫体呈线形，热杀死后虫体直或略向腹面弯曲。头部高圆，呈球形，显著缢缩，具 3～5 个头环，头架骨化弱或不明显；侧线四条。口针和食道显著退化，口针基部球不明显或无；单精巢，前伸，交合刺柄强壮，引带伸出泄殖腔，末端有小爪状突，交合伞伸到尾部约三分之二处，末端有小指状突，泄殖腔唇无或仅有 1～2 个生殖乳突。（见图 3-1）

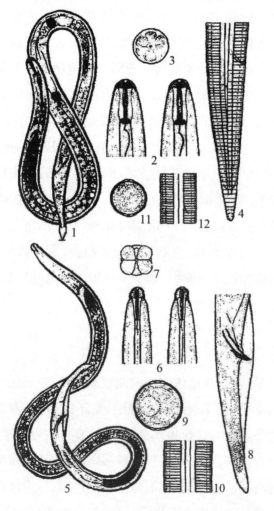

1. 雌虫成虫
2. 雌虫头部
3. 雌虫头部顶面观
4. 雌虫尾部
5. 雄虫成虫
6. 雄虫头部
7. 雄虫头部顶面观
8. 雄虫尾部
9. 雄虫体中部横切面
10. 雄虫体中部侧面观
11. 幼虫体中部横切面
12. 幼虫体中部侧面观

图 3-1　香蕉穿孔线虫形态特征

4.发生规律

在自然条件下,香蕉穿孔线虫主要分布于热带、亚热带地区,在温带地区多在温室中发生。香蕉穿孔线虫是迁移型内寄生线虫,主要侵染危害植物的根和球茎等地下组织,雌虫和二龄以上幼虫均有侵染能力,在寄主植物内和土壤中均能完成生活史。香蕉穿孔线虫完成一个世代所需时间因不同寄主、不同温度而异。据报道,穿孔线虫香蕉小种在香蕉根部危害时,24℃~32℃条件下生活史为20~25天,在适宜发病的条件下,线虫的数量可在45天内增加10倍,土壤中的线虫数量可达到每千克土3000条,寄主植物每百克根(鲜重)的虫量可超过10万条。穿孔线虫柑橘小种在柑橘根部危害时,24℃~27℃条件下生活史为10~20天。

香蕉穿孔线虫存活时间长短与生活环境、土壤温度和湿度密切相关。在被侵染的寄主根和其他地下组织内可以长期存活,在无任何寄主的土壤中存活期可达6个月,所以带虫植物及其土壤是扩散蔓延的主要侵染源。在田间,该线虫在27℃~36℃的潮湿土壤中可存活6个月,在29℃~39℃的干燥土壤中仅能存活1个月;在温室内,该线虫在25.5℃~28.5℃的潮湿土壤中可存活15个月,在27℃~31℃的干燥土壤中仅能存活3个月。

5.防治技术

(1)植物检疫。

禁止从香蕉穿孔线虫疫区调运红掌、肖竹竽、凤梨、红果等观赏植物。确需少量调入时,对于来自疫区的寄主植物和土壤,植物检疫部门应在查验调运植物检疫证书的基础上进行复检,并采取适当的隔离措施。

(2)疫情控制。

一旦发现香蕉穿孔线虫传入,要立即向政府和检疫部门报告,并及时采取封锁和铲除措施。对发生疫情的花场、苗圃、果园采取严格的控制措施,全面销毁发病花场、苗圃、果园的染疫或可能染疫的植物,禁止可能受污染的植物和土壤、工具外传,防止疫情扩散蔓延。同时,应及时清除土壤中植物的根茎残体并集中销毁,土壤可用溴甲烷、必速灭或线克等熏蒸性杀线虫剂处理,并覆盖黑色薄膜,保持土壤无杂草等任何活的植物至少6个月。在侵染区和

非侵染区之间,应建立宽5～8米的隔离带,在隔离带中不得有任何植物,并阻止病区植物的根延伸进入隔离带。

(3)疫病防治。

在香蕉穿孔线虫已经定殖的地区,除了加强检疫防止疫区扩大外,还应加强防治工作,减轻危害。目前采用的主要防治措施包括农业防治、种苗处理和化学防治,其中对于观赏植物的农业防治主要是加强栽培管理、增施有机肥、使用经过有效消毒的介质,并将花盆上架。种苗处理可以采用50℃以上的温水浸根及其他地下组织,处理时间因植物材料而异;也可以用杀线虫剂益舒宝$10×10^{-5}$溶液浸30～60分钟或$25×10^{-5}$苯线磷溶液浸10分钟。化学防治主要是用杀线虫剂如克线磷、益舒宝、万强、涕灭威等处理土壤,压低土壤中的线虫数量,控制病情发展。

四、大豆疫霉根腐病

1.发生与危害

大豆疫霉根腐病是由大豆疫霉菌引起的一种危险性、毁灭性的真菌病害。大豆疫霉菌可在大豆的整个生育期侵染其根、茎、叶、豆荚和种子,引起根腐、茎腐、植株矮化、枯萎和死亡。由于其土传的特性和极强的生存能力,该病害在世界大豆主产区仍呈扩大蔓延之势,迄今已有多起从进口大豆中截获大豆疫霉根腐病的记录。

2.危害症状

大豆疫霉根腐病在大豆的整个生育期均可发生,而且可以侵染大豆的任何部位。出苗前可导致大豆种子腐烂,出苗后可引起猝倒,成株期主要造成茎基部和根部变褐腐烂。大豆幼苗的茎被侵染后症状表现为茎基部变褐、呈水渍状,叶片变黄萎蔫,植株枯萎甚至死亡。成株期受害通常从茎基部或分枝基部开始发病,出现深褐色不规则的病斑,可扩展到地表上部10节以上。发病植株茎部的皮层和维管束组织变黑坏死,根部也变褐腐烂。受害植株最初上部叶片褪绿,下部叶片黄化,随后整株枯萎死亡,叶片凋萎,但一般不脱落。

3.病原形态

大豆疫霉菌幼龄菌丝无隔膜、多核,老化时产生隔膜。通常在菌丝中间可以产生球形、椭圆形或不规则的菌丝膨大体。孢囊梗单生,不分枝,顶部产生游动孢子囊,不脱落,卵圆形至倒梨形,顶部稍厚,无乳突,其内可分化形成游动孢子,顶端破裂释放出游动孢子,有内层出现象。游动孢子卵圆形,双鞭毛,游动缓慢。几个小时后很快形成休止孢,休止孢萌发形成菌丝。有时萌发产生次生游动孢子。有性生殖为同宗配合,雄器一般侧生,藏卵器受精后发育成卵孢子。卵孢子球形,黄褐色,细胞质浓缩壁厚,萌发产生芽管,进一步形成菌丝或分化产生游动孢子囊。

4.侵染和田间流行特点

大豆疫霉根腐病是土传兼种传的真菌性病害,病菌一旦传入便很难根除。大豆疫霉菌以抗逆性强的卵孢子在土壤、病残体、种子内越冬,成为来年的初侵染源。大豆疫霉根腐病基本上是一个单循环病害,次生侵染源不增大病害损失。大豆疫霉根腐病的发生与降雨量、土壤湿度、土壤类型、耕作情况、栽培品种等多种因素密切相关,其中以土壤湿度为影响该病严重发生的关键因素,土壤绝对湿度在14.35%～57.12%之间变化时,发病率从25%增至100%,递增趋势十分明显。土壤温度是影响该病害的重要因素,低于10℃时,大豆疫霉菌不能侵染寄主,25℃时发病率最高。土壤类型与发病关系密切,黏重、紧实、易涝土壤最易发生此病。耕作也会影响大豆疫霉根腐病的发生,土壤不耕作或者减少耕作会加重病害,疏松的土壤发病较轻。当前栽培大豆品种间有明显的抗感差异,品种的感病性是导致大豆疫霉根腐病发生的主要因素之一。

5.防治方法

(1)培育和利用抗病品种。

使用抗病品种是防治大豆疫霉根腐病最有效的手段。抗病品种分为两类:一类是小种专化抗性,是当前主要使用的;另一类是部分抗性,目前使用较少。近几年通过对生理小种的研究发现,我国大豆疫霉菌绝大多数都带有无毒基因Avr1c和Avr1k,因此可采用带有Rps1c和Rps1k的大豆品种来控制

该病害。带有或可能带有这两个抗病基因的大豆品种有:周豆12号、周豆13号、郑9525、豫豆5号、豫豆24号、豫豆29号、铁95068-5、科新4号、皖豆15号、绥02-425、文丰5号、晋大53号、晋大74号等。

(2)加强栽培管理。

控制土壤湿度对于防治大豆疫霉根腐病非常重要,因此雨后需要及时排除积水,低洼地块则需要高垄栽培。此外,大豆种植后不要立即施用钾肥和厩肥。与非寄主,如玉米和小麦等轮作也可以减轻该病害的发生。

(3)化学防治。

使用化学药剂可以有效减少大豆疫霉根腐病的发生。目前防治该病害效果比较好的化学药剂是甲霜灵、精甲霜灵和恶霜灵,主要是通过药剂拌种的方法来使用。可以用种子量0.3%的25%甲霜灵可湿性粉剂、72%甲霜灵·锰锌可湿性粉剂和50%安克可湿性粉剂拌种。此外也可喷药防治,用25%甲霜灵可湿性粉剂500倍液、50%安克可湿性粉剂1500倍液和60%氟吗·锰锌可湿性700倍液防治。

第四节　应对措施

一、遵循区域化原则管控动植物疫病,减少动植物疫病传播风险

遵循区域化原则管理动植物疫病,可以将国际贸易中传播动植物疫病的风险降到最低水平,有效降低动植物疫病对国际贸易的影响,保护我国动植物卫生状态和人民身体健康,促进国际贸易正常健康发展。

二、加强动物保护能力提升,减少重大动物疫病的发生和危害

1.强化动物疫情监测预警和疫病诊断体系

建立分工明确、布局合理的动物疫情监测和流行病学调查实验室网络,完善动物疫病社会化服务诊疗体系。构建重大动物疫病、重点人兽共患病和

动物源性致病微生物病原数据库。加强国家疫情测报工作管理,强化顶层政策设计,完善以动态管理为核心的运行机制。不断加强各类动物疫病的监测能力,为动物疫病的预防和控制提供预警。

2.实行强制免疫与养殖主体自行免疫相结合的动物免疫工作

根据动物疫病流行态势和风险评估等情况,为确保区域内动物防疫安全,由国家或地方政府提供疫苗并组织免疫。目前在全国范围内实施强制免疫的病种有口蹄疫、高致病性禽流感、小反刍兽疫;在部分省或市、县进行强制免疫的病种有猪瘟、高致病性猪蓝耳病、狂犬病;对特定区域或畜种进行免疫的有布鲁氏菌病、包虫病。同时为满足不同病种不同疫苗的免疫需要,需不断构建基层动物疫病强制免疫工作网络,强化疫苗物流冷链和使用管理,科学制定免疫程序。完善人兽共患病菌毒种库、疫苗和诊断制品标准物质库,开展兽用生物制品使用效果评价。加强兽用生物制品质量监管能力建设,支持兽用生物制品企业技术改造、生产工艺及质量控制关键技术研究。加强对兽用生物制品产业的宏观调控。

3.提升突发疫情应急管理能力

不断加强各级突发动物疫情应急指挥机构和队伍建设,完善应急指挥系统运行机制。健全动物疫情应急物资储备制度,储备应急处理工作所需的防疫物资,配备应急交通通信和疫情处置设施设备,增配人员物资快速运送和大型消毒设备。完善突发动物疫情应急预案,加强应急演练。进一步完善疫病处置扑杀补贴机制,对在动物疫病预防、控制、扑灭过程中强制扑杀、销毁的动物产品和相关物品给予补贴。

4.加强动物卫生监督执法

不断加强基层动物卫生监督执法机构能力建设,严格动物卫生监督执法。强化动物卫生监督检查站管理,推行动物和动物产品指定通道出入制度,落实检疫申报、动物隔离、无害化处理等措施。完善养殖环节病死动物及其无害化处理财政补贴政策。实施官方兽医制度,全面提升检疫人员素质。完善规范和标准,推广快速检测技术,强化检疫手段,实施全程动态监管,提高检疫监管水平。

5.完善公共财政保障机制

稳定动物防疫队伍,建立稳定的动物防疫经费投入机制,将防疫、检疫、疫情监测、重大动物疫病防疫物资储备、基础设施建设等动物防疫工作性基础投入全额列入财政预算,并解决好与农民切身利益密切相关的扑杀补助经费发放工作,保障动物防疫和畜产品工作正常开展。

三、加强植物保护能力提升,减少重大植物疫病的发生和危害

通过植物疫病监测检疫能力建设、植物疫病生物防控能力建设、农药使用安全监测能力建设,不断增强对重大和外来植物疫病的监测预警能力,提高统防统治和绿色防控技术应用水平,实现重大和外来植物疫病早发现、早预报、早防治,有效控制其发生危害,提高防治效果。清除染疫种子和苗木的传染源,从源头上控制疫情传播危害。积极推进农药化肥减施增效行动,有效减少化肥及农药用量,从源头上减轻化肥及农药面源污染,保护生态环境。

四、加强进出境动植物检疫能力提升,减少外来动植物疫病入侵风险

通过口岸检疫查验能力建设、进出境隔离检疫及监测能力建设、进出境动植物检疫处理能力建设及风险预警管理能力建设,不断增强进出境动植物检疫能力,有效防止外来动植物疫病的入侵与跨境传播,将疫情消灭在萌芽之中,保护我国农林牧渔业生产和生态环境安全。履行国际出口检疫义务,保护全球生态安全。此外,通过安全把关进口大批量木材等资源性产品,配合国内木材禁伐政策,保护我国林业生态安全。

(徐辉、陈友吾、卢廷高、赵灵燕)

参考文献:

[1]国家发展改革委,农业部,质检总局,等.全国动植物保护能力提升工程建设规划(2017—2025年)[EB/OL].(2017-05-12)[2020-3-30].https://www.ndrc.gov.cn/xxgk/zcfb/tz/201705/t20170525_962973.html.

[2]郭建洋,冼晓青,张桂芬,等.我国入侵昆虫研究进展[J].应用昆虫学报,2019,56(6):
　　1186-1192.

[3]任炳忠,唐羚桓.检疫性害虫松材线虫研究进展[J].吉林农业大学学报,2020,42(1):
　　8-13.

[4]宁眺,方宇凌,汤坚,等.松材线虫及其关键传媒墨天牛的研究进展[J].昆虫知识,
　　2004,41(2):97-104.

[5]潘沧桑.松材线虫病研究进展[J].厦门大学学报(自然科学版),2011,50(2):476-
　　483.

[6]董锦艳,李钶,张克勤.松材线虫生物防治研究进展[J].植物保护,2005,31(5):9-15.

[7]理永霞,张星耀.松材线虫入侵扩张趋势分析[J].中国森林病虫,2018,37(5):1-4.

[8]徐福元,杨宝君,葛明宏.松材线虫病媒介昆虫的调查[J].森林病虫通讯,1993,12
　　(2):20-21.

[9]杨宝君.松材线虫病致病机理的研究进展[J].中国森林病虫,2002,21(1):27-31,14.

[10]谈家金,叶建仁.松材线虫病致病机理的研究进展[J].华中农业大学学报,2003,22
　　(6):613-617.

[11]高渊,王振华,魏春艳,等.植物检疫实验室生物安全概况及关键控制点浅析[J].口岸
　　卫生控制,2020,25(5):29-32.

[12]赵栩潇,杨丽元.浅谈松材线虫病的发生及防治措施[J].生物灾害科学,2019,42(3):
　　186-190.

[13]潘图平,俞春来,徐高福.千岛湖区松材线虫病防控探析[J].防护林科技,2019,2:90-92.

[14]韩鹤友,程帅华,宋智勇,等.柑橘黄龙病药物防治策略[J].华中农业大学学报,2021,
　　40(1):49-57.

[15]吴昌卿.柑橘黄龙病综合防控技术探讨[J].南方农业,2020,14(3):41,43.

[16]农业部发布新的《全国农业植物检疫性有害生物名单》[J].中国植保导刊,2009,
　　29(8):39-40.

[17]董瀛谦,李娟,潘佳亮,等.我国林业检疫性有害生物发生动态分析[J].植物检疫,
　　2019,33(6):15-19.

[18]周国有,谢辉,原国辉.香蕉穿孔线虫的发生危害及其防疫控制[J].河南农业科学,
　　2008,7:78-80.

[19]齐贵,王卫.大豆疫霉根腐病与综合防控措施[J].农业科技通讯,2012,10:166,194.

[20]国务院办公厅.国务院办公厅关于印发国家中长期动物疫病防治规划（2012—2020年）的通知[EB/OL].[2012-05-20].http://www.gov.cn/gongbao/content/2012/content_2152427.htm.

[21]中华人民共和国动物防疫法[N/OL].人民日报,2021-02-19(14).http://paper.people.com.cn/rmrb/html/2021/02/19/nw.D110000renmrb_20210219_1-14.htm#.

[22]一、二、三类动物疫病病种名录[J].中国动物检疫,2009,2:1.

[23]国务院.重大动物疫情应急条例[EB/OL].[2005-11-18].http://www.gov.cn/flfg/2005-11/20/content_103946.htm.

[24]中华人民共和国生物安全法[J].中华人民共和国全国人民代表大会常务委员会公报,2020,5.

[25]病原微生物实验室生物安全管理条例[J/OL].国务院公报,2019,1(增刊).http://www.gov.cn/gongbao/content/2019/content_5468882.htm.

[26]农业部.动物病原微生物分类名录[EB/OL].[2005-05-24].http://www.moa.gov.cn/gov-public / SYJ / 201006 / t20100606_1535257. htm? keywords= % E5%8A% A8%E7%89%A9%E7%97%85%E5%8E% 9F% E5%BE% AE% E7%94%9F% E7%89%A9%E5%88%86%E7%B1%BB%E5%90%8D%E5%BD%95.

[27]郭志儒,金宁一.2001年英国口蹄疫流行回顾[J],中国兽医学报,2002,22(1):80-83,89.

[28]邱伯根,谈志祥.高致病性禽流感疫情灾害损失评估的研究[C].中国畜牧兽医学会禽病学分会第十四次学术研讨会,2006.

[29]赵柏林,孔冬妮,杨林.我国口蹄疫研究进展[J],中国动物检疫,2017,7:67-69,104.

[30]张红丽,赵灵燕,吴赟竑,等.牛结节性皮肤病的流行与防控[J],浙江畜牧兽医,2020,4:32-34.

[31]张志,李晓成.我国猪瘟流行现状和防控建议[J],中国动物检疫,2015,8:8-12,23.

[32]赵万升,陈峰,李秀喆,等.2010—2019年全球小反刍兽疫疫情分析[J],畜牧兽医科学:电子版,2020(15):3-6.

[33]吴颖,赵静,肖冉,等.非洲马瘟概况综述[J],湖北畜牧兽医,2020,8:8-10.

[34]刘华雷,王志亮.新城疫的流行历史与现状[J],中国动物检疫,2015,6:1-4.

[35]许振民.猪繁殖与呼吸综合征的危害[J],甘肃畜牧兽医,2016,6:61-62.

第四章　生物技术与应用

第一节　现状

　　科技的发展从来都是与国家经济、社会发展和安全建设紧密联系在一起的,科学技术直接催生和推动以新兴科技为标志的新型经济发展,也影响着国家安全的观念和格局。21世纪被称为生命科学和生物技术的世纪,生物科技研究的触角伸向生命微观领域,为世界各国医疗、制药、农业、环境保护等行业开辟了广阔的发展前景,对国民经济、国家发展战略、国家创新体系产生着日益重要的影响。因生物经济的推动而表现出的不可限量的发展前景,必将极大地改变并推动人类社会的进程。然而生物科技是把双刃剑,带给人类的并不仅仅是福祉,还蕴含着相当大的现实或潜在风险。

　　自20世纪后期以来,几乎所有关于伦理的纠纷和争论都发生于生物科技领域。梅毒危害试验、试管婴儿、基因身份证、基因治疗、制药公司的基因垄断、器官移植技术、干细胞技术、组织工程技术、克隆技术等在社会伦理、法规管理等多个层面引起巨大争论。现代生物技术虽然有助于疾病的早期诊断与预防,但也带来了如何保护个体的隐私权、就业权、保险权等社会问题。此外,生物技术研究和产业机构的意外泄漏事故不仅直接导致了工作人员感染,也极大地威胁着环境和公众健康。近年来,各国新建的生物安全实验室大量涌现,且发展趋势不减,但若监督缺位和管理不善,反而会增加生物安全风险。炭疽杆菌、口蹄疫病毒、Q热立克次体、SARS病毒的泄漏事件是典型代表。早在1975年，美国的一些生物学家就指出，重组DNA技术可能对环境和人类造成巨大风险，实验室内基因切割、连接合成的工程微生物可能从实验室泄漏，危害人体健康，甚至被不正当使用。合成生物学也有可能被"生物黑客"或生物恐怖分子恶意使用，对人类造成极大威胁。

全球生物安全形势十分严峻。国际生物安全形势正从温和可控转向相对严峻状态，生物安全受到各国高度关注。随着全球化进程的深化，各国都不同程度地存在生物安全问题。生物威胁已从偶发风险向持久威胁转变，威胁来源从单一向多样化转变，威胁边界从局限于少数区域向多区域甚至全球化转变，突发生物事件影响范围已经从民众健康扩展为影响国家安全和战略利益。传统生物安全问题与非传统生物安全问题交织，外来生物威胁与内部监管漏洞风险并存。基于目前国际社会对新兴生物技术的普遍重视，未来生物技术的发展速度会进一步加快，生物安全挑战会逐渐升级，潜在威胁将浮出水面。

生物技术发展带来了"双刃剑"效应。科学家已在哺乳动物中首次实现基因驱动，基因驱动系统使变异基因的遗传概率从50%提高到99.5%，可用于清除特定生物物种。随着基因编辑和基因驱动技术的发展，基因武器风险越来越高。与发达国家相比，发展中国家对生物科技负面作用的管控体系和管控能力有所欠缺，有明显的内部威胁，同时生物科技在许多战略方向存在"卡脖子"现象，有隐性的外部威胁。国际上都高度重视在这方面的监管，生命科学研究和生物技术活动等领域的科学家和科技工作者，通过国家立法、规章制度、道德约束等手段进行监督和规范行为。相关国际组织也对加强生物两用技术监管提出了指导性意见，提醒生物技术往往是双用途的，每个国家都应该做好相应的防备和必要的监管，制定应对实验室生物安全、生物技术谬用等生物安全问题的战略措施。

现代广义的生物技术是在分子生物学、生物化学、生化工程、微生物学、细胞生物学和电子计算机技术基础上形成的综合性技术，其涉及的内容主要包括以下几个方面：

一、基因工程

基因工程是指在基因水平上,按照人类的需要进行设计,然后按设计方案创建出具有某种新的性状的生物新品系,并能使之稳定地遗传给后代。基因工程采用与工程设计十分类似的方法,明显地既具有理学的特点,同时也具有工程学的特点。生物学家在了解遗传密码是RNA转录表达以后,还想从分子的水平去干预生物的遗传。1973年,美国斯坦福大学的科恩教授,把两种质粒上不同的抗药基因"裁剪"下来,"拼接"在同一个质粒中。当这种杂合质粒进入大肠杆菌后,这种大肠杆菌就能抵抗两种药物,且其后代都具有双重抗药性。科恩的重组实验拉开了基因工程的大幕。DNA重组技术是基因工程的核心技术。重组,顾名思义,就是重新组合,即利用供体生物的遗传物质,或人工合成的基因,经过体外切割后与适当的载体连接起来,形成重组DNA分子,然后将重组DNA分子导入到受体细胞或受体生物构建转基因生物,该种生物就可以按人类事先设计好的蓝图表现出另外一种生物的某种性状。值得注意的是,近年来基因编辑技术不断获得突破,发展出了锌指核酸酶、转录激活因子样效应因子核酸酶、成簇规律间隔短回文重复序列/Cas9核酸酶等系统,可直接对细胞基因组进行靶向修改,并用于培育转基因动植物等。

二、细胞工程

细胞工程是根据细胞生物学和分子生物学原理,采用细胞培养技术,在细胞水平进行的遗传操作。细胞工程大体可分为染色体工程、细胞质工程和细胞融合工程。

细胞培养技术是细胞工程的基础技术。所谓细胞培养,就是将生物有机体的某一部分组织取出一小块,进行培养,使之生长、分裂的技术。细胞培养又叫组织培养。近二十年来细胞生物学的一些重要理论研究的进展,例如细胞全能性的揭示,细胞周期及其调控,癌变机理与细胞衰老的研究,基因表达与调控等,都是与细胞培养技术分不开的。植物细胞全能性的猜想及验证始

于1902年,其间进行了不断的尝试并取得了阶段性进展。直至1958年,科学家们用高度分化的胡萝卜韧皮部细胞进行组织培养,最终获得完整的胡萝卜植株。1964—1970年,毛叶曼陀罗花药、烟草单倍体孢子、胡萝卜单个细胞分别被用于组织培养,并最终获得了完整的植株。截至目前,植物细胞的全能性已经在部分植物中得到了验证,促进了这些植物科研的进一步发展。然而,更多植物细胞全能性的验证仍在探索中。

细胞核移植技术属于细胞质工程。所谓细胞核移植技术,是指用机械的办法把一个被称为"供体细胞"的细胞核(含遗传物质)移入另一个除去了细胞核并被称为"受体"的细胞中,然后这一重组细胞进一步发育、分化。核移植的原理是基于动物细胞的细胞核的全能性。采用细胞核移植技术克隆动物的设想,最初是由一位德国胚胎学家在1938年提出的。1952年起,科学家们首先采用两栖类动物开展细胞核移植克隆实验,先后获得了蝌蚪和成体蛙。1963年,我国童第周教授领导的科研组,以金鱼等为材料,研究了鱼类胚胎细胞核移植技术,获得成功。到1995年为止,在主要的哺乳动物中,胚胎细胞核移植都获得了成功,但成体动物已分化细胞的核移植一直未能取得成功。1996年,英国爱丁堡罗斯林研究所伊恩·维尔穆特研究小组成功利用细胞核移植方法培养出一只克隆羊"多利",这是世界上首次利用成年哺乳动物的体细胞进行细胞核移植而培养出的克隆动物。

细胞融合技术属于细胞融合工程。细胞融合技术是一种新的获得杂交细胞以改变细胞性能的技术,它是指在离体条件下,利用融合诱导剂,把同种或不同物种的体细胞人为地融合,形成杂合细胞的过程。在植物细胞融合领域,白菜和甘蓝体细胞杂交形成白菜-甘蓝,是成功的例子。细胞融合技术是细胞遗传学、细胞免疫学、病毒学、肿瘤学等研究的一种重要手段。近年来,干细胞研究的兴起,如体细胞诱导多能干细胞等技术的出现为细胞工程这一领域增加了重要内容。

三、酶工程

酶工程是指利用酶、细胞或细胞器等具有的特异催化功能,借助生物反应装置和通过一定的工艺手段生产出人类所需要的产品。它是酶学理论与化工技术相结合而形成的一种新技术。酶工程可以分为两部分：一部分是如何生产酶，一部分是如何应用酶。酶的生产大致经历了四个发展阶段：最初从动物内脏中提取酶；随着酶工程的进展，人们利用大量培养微生物来获取酶；基因工程诞生后，通过基因重组来改造产酶的微生物；近些年来，酶工程又出现了一个新的热门课题，那就是人工合成新酶，也就是人工酶。

四、发酵工程

发酵工程又叫微生物工程，指采用现代生物工程技术手段，利用微生物的某些特定功能，为人类生产有用的产品，或直接把微生物应用于工业生产过程。发酵是微生物特有的作用，几千年前就已被人类认识并且用来制造酒、面包等食品。20世纪20年代主要是以酒精发酵、甘油发酵和丙醇发酵等。20世纪40年代中期美国抗生素工业兴起，大规模生产青霉素，随后日本谷氨酸发酵成功，大大推动了发酵工业的发展。20世纪70年代，随着基因重组技术、细胞融合等生物工程技术的飞速发展，发酵工业进入了现代发酵工程的阶段。不但在食品生产酒精类饮料、醋酸和面包，生产医药胰岛素、干扰素、生长激素、抗生素和疫苗等，在农用生产资料上生产天然杀虫剂、细菌肥料和微生物除草剂等，还在化学工业上生产氨基酸、香料、生物高分子、酶、维生素和单细胞蛋白等。

五、蛋白质工程

蛋白质工程是指在深入了解蛋白质空间结构以及结构与功能的关系，并在掌握基因操作技术的基础上，用人工合成生产自然界原来没有的、具有新的结构与功能的、对人类生活有用的蛋白质分子。由于蛋白质工程是在基因工程的基础上发展起来的，在技术方面有很多同基因工程技术相似的地方，因此蛋白质工程也被称为第二代基因工程。

六、系统生物技术

20世纪末,随着计算生物学、化学生物学与合成生物学的兴起,又发展了系统生物学的生物技术,即系统生物技术(systems biotechnology),包括生物信息技术、纳米生物技术与合成生物技术等。生物技术作为一种新兴的科学手段在农业和工业生产、环境保护、医药保健等方面得到了广泛的应用,其潜在的经济和社会效益及在生物学领域的意义是不可估量的,具有广阔的应用前景。

第二节　基因克隆与编辑

一、基因克隆

1.定义

基因克隆是生物细胞之间广泛存在的自然现象。如:病毒或噬菌体侵入宿主细胞后,整合入宿主细胞的基因组中,生殖细胞在减数分裂的过程中姐妹染色体之间的互换与互联;细胞在受到外界环境如物理、化学因素的刺激后发生了DNA断裂、重组或染色体易位等。因此,基因克隆又被称为基因工程、分子克隆或者DNA重组技术。目前广义的基因克隆是指在体外将核酸分子插入病毒、质粒或其他载体分子,构成遗传物质的新组合,并将其导入到原先没有这类分子的寄主细胞内,且能持续稳定地繁殖。

2.原理及应用

在生物学上,基因克隆通常应用于两个方面:克隆一个基因或是克隆一个物种。克隆一个基因是指从一个个体中获取一段基因,然后将其插入。在动物界也有无性繁殖,不过多见于非脊椎动物,如原生动物的分裂繁殖、尾索类动物的出芽生殖等。但对于高级动植物,在自然条件下,一般只能进行有性繁殖,所以要使其进行无性繁殖,科学家必须经过一系列复杂的操作程序。基因克隆一般包括以下四个步骤:(1)获取所需的DNA片段;(2)构建基因的表达载体;(3)将目的基因导入受体细胞;(4)目的基因的检测与鉴定。

　　基因克隆在医学、农业和工业等各个方面都具有重要的作用,并且可以广泛应用于植物、动物和微生物中。在医学中,基因工程已经用于制造药物,用以构建动物模型及基因治疗等,如人工胰岛素、生长激素、新冠疫苗等;在农业方面,通过基因克隆可以获得高产、优质的水稻、玉米等农作物品种。20世纪50年代,科学家成功无性繁殖出一种两栖动物——非洲爪蟾。国内外在20世纪80年代后期先后利用胚胎细胞作为供体,"克隆"出了哺乳动物。到90年代中期,我国已用此种方法"克隆"了老鼠、兔子、山羊、牛、猪五种哺乳动物。

二、基因编辑

1.定义

　　科学家们已经可以像用剪刀剪开小纸条一样,通过删除一小段的DNA或加入一小段DNA等方式,来改变人或其他生物体的基因,这就是所谓的基因编辑技术。基因编辑是指对生物基因组内的目标基因及其转录产物进行编辑(定向改造),实现特定碱基的插入、缺失、替换等,以改变目的基因或调控元件的序列、表达量或功能。其原理是应用人工改造过的内切酶对基因组进行酶切从而打开缺口,然后对目的基因进行敲除或者外来片段的插入。与先前的遗传不同之处在于,早期的基因工程是在宿主的基因、基因组中进行随机插入基因物质,而基因编辑是在特定位置插入基因片段。

2.原理和应用

　　新型基因编辑技术主要是指锌指核酸酶技术、转录激活因子样效应物核酸酶技术、CRISPR/Cas9系统以及单碱基编辑技术。目前应用比较广的基因编辑技术是CRISPR/Cas9系统。CRISPR/Cas9系统是在1987年被发现,2002年被命名的,2005—2008年才发现该系统与细菌自身免疫系统相关。CRISPR系统在某些细菌的免疫系统中本来就是天然存在的。当细菌们遇到病毒入侵的时候,它们的体内会被注入病毒的DNA,这对细菌来说是致命的。因此,细菌一旦被入侵,就会想尽办法消灭敌人,就如电影里的特工一样,快速地在自己的数据库中识别出"通缉犯"——病毒的DNA,并将病毒的信息,同步到一个导航系统里。同时,细菌还会派出一位"杀手"——Cas9带着导航信息去抓"通缉犯"并无情地将其一刀剪断,这样细菌就保住了自己的生命。通过操纵CRISPR这把基因剪刀,科学家们不仅可以对基因进行人为的剪切或修改,而且还可以极其精准地改造任意一段基因。(见图4-1)

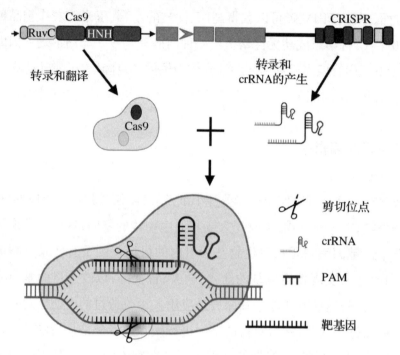

图4-1　CRISPR/Cas9介导的DNA切割示意图

CRISPR/Cas9技术比以前的基因编辑技术相比操作更加简单,只需要一个短的可编程gRNA即可靶向DNA,这相对便宜并且易于设计和生产。通过使用Cas9和具有不同靶位点的gRNA,CRISPR/Cas9能够在多个独立位点同时诱导基因组修饰。该技术可以加速转基因动物与多个基因突变,缩短了实验周期,对于设备的要求降低,节约了实验成本。

由于CRISPR/Cas9的简单性和适应性,它有潜力成为可靠且便捷的基因组编辑工具,为揭示生物学中的基因功能和纠正疾病中的基因缺陷打开大门。随着技术的不断进步,科学家们也越来越意识到基因编辑技术的巨大能力,可以借助这种技术实现农作物的抗虫、高产,可以通过基因治疗一些疑难杂症,如:改造植物基因,提高其抗寒抗病毒的能力,优化品种,提高产量;改变小老鼠的基因就可以使本来黑色的老鼠长成白色甚至彩色;还可以通过改变基因的方法来治疗镰刀形细胞贫血症、血友病、色盲、肌肉萎缩、唐氏综合征等基因病。

3.存在的风险

基因编辑技术目前主要面临的困难是伦理问题和技术安全问题。伦理的安全问题是大多数科研人员反对基因编辑技术应用于人类生殖细胞的主要原因,其主要包括:(1)个体的安全。技术的缺陷无法确保实验者的安全,可能的基因缺陷会对个体造成伤害。(2)挑战人类生命尊严。通过技术筛选来创造生命侵犯了人类生命的独特性。(3)生命价值商业化。定向设计会导致生命价值与商业结合。(4)优势基因畸形发展。出现基因层面的阶级分化。2018年南方医科大学某团队宣布一对经过CRISPR/Cas9基因编辑的可以抵抗艾滋病的婴儿出生,在国内外引起了巨大的争议。基因编辑技术的安全问题主要体现在基因编辑目前无法解决脱靶效应。造成脱靶效应的因素有很多,尽管发生的概率较低,但其中可能引发的风险无法预估。CRISPR技术存在脱靶效应风险是影响该技术广泛应用的最主要因素。

应用基因编辑技术进行科学研究的目的是治疗或预防某些疾病,但是随着研究的不断深入,科研人员发现其应用不只限于疾病的治疗等。虽然基因编辑技术的无限潜力已经初步显现,但是,随之而来的巨大风险更要引起我们的反思。所以,只有加以控制并且合理地应用基因编辑技术才可能会造福于人类。而且,基因编辑技术的发展与应用必须遵循生命伦理。基因编辑技术目前还没有达到理想的水平。只有弥补科学技术上的缺陷,才能降低那些潜在的风险。同时,需要有关部门建立相关的法律法规、完善的管理体制,并重视对科研人员科研素养的培养,对可能有潜在风险的科学研究进行严格监管。此外,还要加强对普通民众的科学普及与教育。总之,不断增强全社会的科研素养,培养树立科研安全意识,对科研的发展具有重要意义。在发展科学技术的同时,尽可能地去降低它带来的负面影响,才能运用科学技术更好地造福人类社会。

第三节　转基因技术

何谓转基因技术？这一技术的发现与应用究竟是人类改善生存环境的创举还是犹如开启了潘多拉魔盒？这一技术在未来应用上又该如何评估及制定相应策略？

转基因技术是指利用现代生物技术手段将特定的外源基因转移到目的生物体，并使其产生可预期的、定向遗传改变的一项新兴技术。研究者对将特定基因转移到目标动植物的方法进行了一系列的完善。

目前应用的动物转基因技术主要有以下几种：

1.核显微注射法

在倒置显微镜微量注射台上，利用0.1~0.5微米的玻璃微量注射针直接将外源重组DNA注射到受精卵原核中，使外源基因与宿主基因组发生体外培养受精卵并将其移植到受体动物子宫内发育。显微注射技术于1980年由美国耶鲁大学生物学和人类遗传学博士Gordon等建立，最早应用于转基因小鼠的制备，效率为20%~30%。随后也被应用于制备各种转基因家畜，如转基因兔、猪、绵羊、牛、山羊等，效率为0.5%~15%，其中转基因牛偏低。

2.精子介导的基因转移法

将成熟的精子与外源基因进行预培养之后，使精子携带外源基因。通过体外受精等方法，吸收含有外源基因的精子进入卵子，并使外源基因整合于基因组中。该法操作起来相对简单，但是效果不够稳定，实验重复性很差，且外源基因整合进基因组后基因出现严重的重排现象。不过，最近有研究显示，将外源基因与抗精子表面蛋白的抗体结合可以提高外源基因进入受精卵的效率，而且整合率高，能表达并能遗传到后代，目前已成功生产出转基因小鼠和猪。

3.核移植转基因法

将外源基因转入体外培养的体细胞中，筛选获得带有转基因的细胞。随后,将其细胞核取出移入新的去核的卵母细胞中,培育重组胚胎并移植到母体中,从而产生转基因动物。这一方法是目前建立兔、猪、羊、牛乳腺生物反应器的最主要技术。体细胞克隆技术与转基因技术结合,可以在细胞水平上事先验证核供体的修饰事件以及选择性克隆雌性或者雄性细胞,大大提高了生产转基因动物的成功率。理论上效率可达100%,但实际生产效率只有约2.5%。

4.逆转录病毒法

利用逆转录病毒DNA的LTR区域具有转录启动子活性的特点,将外源基因重组到逆转录病毒载体上,制成高浓度的病毒颗粒直接感染受精卵或微注入囊胚腔中,通过病毒将外源基因插入整合到宿主基因组中。2003年德国慕尼黑大学药理研究所教授Hofmann(霍夫曼)等用慢病毒载体法首次成功制备了绿色荧光蛋白转基因猪,英国爱丁堡罗斯林研究所博士McGrew(麦格鲁)等利用同样的方法高效制备了转基因鸡,效率比以往任何方法高出100倍。但由于逆转录病毒载体构建较为复杂,携带外源基因的能力有限(通常小于10 kb),转基因动物大多为嵌合体,而且还存在安全隐患,使得该技术的应用受到了一定的限制。

常用的植物转基因技术有:

1.农杆菌介导法

农杆菌细胞中含有Ti质粒或Ri质粒,其上有一段T-DNA经改造后可插入外源基因片段。当农杆菌侵染植物伤口时,可将包含外源目的基因的T-DNA转入到植物基因组中。1983年科学家通过农杆菌介导法获得抗病性转基因烟草,这是首次运用该技术获得转基因植物。此后,利用该技术还获得了转基因番茄、牵牛花、油菜等。迄今为止,超过80%的转基因植物都是通过农杆菌介导法获得的。

2.基因枪法

通过一种被称为基因枪的设备,利用火药引爆或高压气体加速,将带有外源基因的金属颗粒(金粒或钨粒)以一定速度打入植物细胞。外源目的基因会随机插入到植物基因组中,从而实现转基因操作。1987年科学家首次利用基因枪法获得转基因玉米。目前,利用该技术已成功获得了转基因棉花、

水稻、玉米、小麦、大豆等。

3.花粉管通道法

这一技术主要原理是在植物开花时,向植物花器的子房中注射含外源基因的DNA溶液,使外源基因沿着植物在开花、受精过程中形成的花粉管通道进入胚囊,并进一步整合到植物细胞基因组中,然后随着受精卵的发育而产生转基因新个体。1983年科学家首次利用花粉管通道法培育出抗枯萎病棉花新品种。目前该技术已在棉花、水稻和小麦等农作物的转基因过程中得到应用。

利用以上转基因技术可对畜禽、水产等动物的经济性状进行改良,如提高生产速度、提高繁育能力等。如将生长激素基因导入鲫鱼受精卵,得到了生长速度大大提高、肉质较好的转基因鱼。同样,美国科学家将此基因转入猪,得到的转基因猪的生长速度明显加快。除此之外,加拿大科学家将抗冻蛋白基因导入鲑鱼,以增强其抗寒能力。2015年11月,美国食品药品监督管理局将转生长激素基因三文鱼送上人们的餐桌。除了对一些特异的目的性状进行改善以外,利用转基因技术对动物疾病进行研究,同样对禽畜业贡献匪浅。具体表现为利用该项技术将某些抗性基因转入禽畜的基因组中,使其获得相应的抗病能力。2019年英国帝国理工学院病毒学教授Wendy Barclay(温迪·巴克利)表示,科学家们计划使用CRISPR基因编辑技术对鸟类和家禽的基因组进行编辑。利用该技术对雏鸡进行编辑以去除流感病毒所依赖的蛋白质部分,让鸡能完全抵抗H5N1型禽流感病毒。对奶牛疾病的干预同样通过这一技术取得进展。2004年,日美联手利用基因工程手段培育出对疯牛病具有免疫力的牛,这种转基因牛不携带普里昂蛋白或其他传染蛋白。2005年,美国农业部农业研究局生物技术和种质实验室博士Donovan(多诺万)等将编码溶葡萄球菌酶的基因转入奶牛基因组中获得转基因牛,证明其乳腺中表达的溶葡萄球菌酶可以有效预防由葡萄球菌引起的乳房炎。转基因牛葡萄球菌感染率仅为14%,而非转基因牛对照的感染率达71%。

另一方面值得关注的是,转基因动物还可作为一种重要的生物反应器。与传统的生物反应器相比,转基因动物生物反应器有其独特的优越性。一是转基因动物可以不断繁殖扩群,而一个动物就像一个"天然药物工厂",从而可以大规模地生产出无免疫原性且生物活性接近天然提取物的蛋白药物。这是传统的细菌基因工程做不到的。二是转基因动物反应器的生产成本较低,且目的产物价格较高,有很大的盈利空间。目前获得成功的动物生物反应器主要有血液、膀胱、鸡蛋蛋清、乳腺。其中乳腺是目前发展最成熟的一种模式。它的独特优势在于:(1)乳腺分泌的目的产物限制在乳腺内,不进入体循环中,因而进行转基因改造后对动物的影响较小。(2)乳汁中的蛋白成分主要为乳酪蛋白、乳清蛋白和乳球蛋白,因而对产物的获取相对简单。(3)乳腺可对表达的目的产物进行一系列的翻译后加工,使目的产物的生物活性几乎可以与天然产物相同。目前乳腺生物反应器主要用来生产溶血栓药物、细胞因子、出血性疾病治疗药物等药用蛋白及重组抗体,此外还用来改变乳汁的成分,提高营养价值。

相比转基因动物,转基因作物对人类的影响更大。转基因作物是指运用分子生物学(基因重组和组织培养)技术,将其他生物或物种(植物、动物、微生物)的基因转入作物后培育出来的具有特定性状的农作物品种。转基因作物通常具有高产优质、抗病虫、抗非生物逆境、抗除草剂、耐储存、提高某些营养成分含量、改善作物品质、增强口感和色泽等优良性状。1994年,全球首个转基因作物在美国开始投入生产。1996年,美国等发达国家开始大规模种植转基因作物。种植面积超过5万公顷的国家有26个,发展中国家有21个,发达国家有5个,可见转基因作物的种植日益受到发展中国家重视。至2018年,累计种植面积已达到25亿公顷。目前,种植最为广泛的转基因作物包括大豆、棉花、玉米和油菜四大类,其他较为常见的有转基因木瓜、番茄、甘蔗、苹果、甜菜和苜蓿等。

就我国而言,已批准商业化种植的转基因作物仅有棉花和木瓜,已获得安全证书的有转基因玉米和水稻,已批准进口的转基因作物包括大豆、棉花、木瓜、油菜、甜菜和玉米等。棉花是目前我国种植最为广泛的转基因作物,包括我国自主研发和进口的品种,主要为转Bt杀虫基因的抗虫棉以及耐除草剂的品种。由于其对棉铃虫的抗性效果非常显著,深受棉农喜爱,因此市面上

的棉花绝大多数是转基因品种。木瓜包括我国自主研发的品种(华南农业大学培育的番木瓜华农1号)和进口的品种(美国康奈尔大学和夏威夷大学培育的抗病毒番木瓜55-1)。华农1号于2010年获得农业农村部颁发的安全性证书后在我国大规模种植,对于我国木瓜产业的健康发展起到了十分重要的作用。目前市场上销售的木瓜大多为转基因品种。

然而,转基因动植物的双刃剑效应也是不容忽视的,这种经过改造的动植物对于人体和生态环境的危害都是值得警惕的,主要包括:(1)产生有毒物质。转基因动物和作物是通过改造原有基因来改变其性状的,因此在这个改造过程中有可能会生成不利于人类健康和自然环境平衡的有毒物质。一些转基因作物中所含物质元素可能危害人体健康,甚至导致癌症等疾病。(2)破坏作物自身营养成分。在测验转基因产物时,通常会引入外来基因,但该基因可能会与被改造物种原有的基因发生作用,破坏作物本身营养成分,使转基因作物优良性状无法发挥。(3)增加基因污染风险。普通植物变异需要经历很长的时间,一般情况的杂交无法改变植物的天然特性,而将转基因作物与普通作物放置在同一个环境中时,转基因作物有可能与普通作物发生作用,使普通作物的基因受到污染,甚至会对生态环境造成破坏。(4)攻击非目标生物。转基因作物可能会对环境中的非目标生物展开攻击,例如某转基因作物含有抗虫性状,它除了会攻击目标害虫外,还可能会对其他动植物展开攻击。

基于以上的潜在风险因素,虽然转基因动物、转基因作物给人类带来了巨大的利好作用,国家也在积极推动转基因产业化,但社会争论和政策实际操作困难等问题始终存在。究其原因,主要有:媒体舆论误导和信息披露缺失使公众对转基因领域理解不足;科研机构和人员科普宣传不够;管理者受舆论和公众情绪影响,在转基因产业化决策和具体行动上过于谨慎。未来,对于转基因技术不仅要在技术上寻求突破,对应政策的制定和安全评估方式的不断完善也是刻不容缓的。

第四节　干细胞技术

干细胞(stem cell)是指一类早期未分化的原始细胞群,是构成机体所有功能细胞的种子细胞,具有自我复制、更新和多向分化的潜能,其生物学特性与生命的发生、发育、分化、成熟、衰老、死亡等生理和病理过程息息相关,在体外适宜的培养条件下可以无限增殖,进而分化为多种功能细胞及组织器官,因此其在再生医学治疗、体外疾病模拟、药物筛选等方面具有广阔的应用前景。干细胞依照其来源和获得方式可以分为胚胎干细胞(embryonic stem cell, ESC)、成体干细胞(adult stem cell, ASC)以及诱导性多能干细胞(induced pluripotent stem cell, IPSC);按照其分化潜能可分为全能干细胞(totipotent stem cell, TSC)、多能干细胞(pluripotent stem cell, PSC)和单能干细胞(unipotent stem cell, USC)。

胚胎干细胞是由受精卵发育形成的早期囊胚中未分化的细胞,具有高度的分化潜能,在一定条件下具有向三个胚层组织和细胞分化的全能性,可以不断自我更新并分化为任何类型的组织细胞,逐渐形成具有不同细胞类型的个体。其可在体外培养条件下建立稳定的细胞系,可长期增殖培养并保持高度未分化状态和发育潜能性。此外,其易于进行基因改造操作,能够形成嵌合体动物,并将它们的遗传信息传递到下一代。总的来说,体外胚胎干细胞具有培养细胞的特性,最大特色是可对它进行遗传改造、核转移和冻存而不失去潜能性。这一划时代的发现开启了胚胎干细胞研究的大门,为小鼠基因编辑研究以及人类发育和器官再造研究奠定了基础。

建立体外的胚胎干细胞系是胚胎干细胞研究应用的第一步,可直接通过受精卵或体细胞核移植技术实现。将精卵细胞体外受精,在囊胚期取内部的愈伤组织于培养基中培养,经干细胞克隆进行分化。或通过体细胞核移植技术将其体细胞的细胞核显微注射至去核的人卵细胞中形成杂合卵细胞,经体外培养发育胚胎。体外胚胎干细胞的建立在细胞与个体、体外基因操作与体

内生物学功能之间架起了一座桥梁,极大地提高了人们对细胞分化、胚胎发育机制的认识,同时在基因功能研究、转基因动物制备、基因工程药物开发、人类疾病的动物模型复制以及移植治疗等领域显示出十分诱人的应用前景。

除胚胎干细胞外,发育成熟的个体中也含有少量干细胞,我们一般将这类干细胞称为成体干细胞。在特定条件下成体干细胞可产生新的干细胞,或按一定的程序分化形成新的功能细胞,从而使组织和器官保持生长和衰退的动态平衡。与胚胎干细胞不同,其缺乏全能分化的能力,只能定向分化为一类或某个特定的组织细胞。近年来大量研究表明,特定的成体干细胞可以跨越胚层界限横向分化转移至其他组织中,在强大的阳性选择作用下,这些细胞可以发生克隆性增殖分化,形成该组织特异性的细胞,从而在该组织损伤的修复过程中发挥重要作用。

从近期临床应用角度来讲,成体干细胞有许多优点,如具有更高的安全性、供体来源可从自体获得,从而避免异体免疫排斥反应的问题,且具有横向分化的可塑性。因此,目前成体干细胞已经应用于多种疾病的临床治疗,其治疗范围包括心脏疾病、神经系统疾病、骨骼疾病、肝脏疾病、糖尿病以及免疫相关疾病等。成体干细胞治疗的机制一方面可能在受损伤组织和脏器中生成新的功能细胞;另一方面,成体干细胞还可以分泌多种生长因子、免疫调节因子及营养分子,对损伤组织具有修复作用。此外,间充质干细胞还可调节免疫活性细胞的功能,从而应用于免疫相关疾病的治疗。

除此之外,成熟分化细胞还可以通过核移植、细胞融合或者特定因子导入的方式实现重编程并回到多能性状态,即诱导性多能干细胞。诱导性多能干细胞技术是利用基因转移等操作手段,使成熟细胞高表达原始细胞特异性的转录因子,从而诱导细胞的表观遗传特性发生改变,获得类似于胚胎干细胞的高增殖活性和多向分化潜能。诱导性多能干细胞研究领域目前主要研究方向包括:优化建立诱导性多能干细胞的方法;研究重编程的分子机制并指导诱导性多能干细胞技术的优化;将患者的体细胞重编程为诱导性多能干细胞,用来研究疾病的发生机制和筛选药物等。其潜在的应用价值是可以得到定制的类胚胎干细胞,从而克服免疫排斥和伦理问题,有望用于患者的细胞治疗,为干细胞治疗及再生医学研究开启新的篇章。

　　植物干细胞主要存在于顶端分生组织和侧生分生组织中。研究发现,紫杉干细胞具有强大的抗氧化、抗衰老活性和抗炎、抗癌效能,野生参形成层干细胞具有预防和缓解艾滋病的功效。此外,研究发现植物干细胞可以激活人体神经元细胞、造血干细胞等干细胞的活性。目前,植物干细胞技术已经被用于生物医药、临床医学、保健食品、美容化妆等多个领域。当前,抗癌药物中的60%来自于植物,植物干细胞的生理特性和卓越效能使其成为新药开发的重要原料。目前已经应用人参、紫杉、番茄、大蒜、银杏等优良植物的细胞株生产人参皂苷、紫杉醇、番茄红素、SOD、银杏内酯及多糖等药物。临床医学研究发现,50年生的野山参干细胞的总皂苷含量明显高于种植参。我国科学家利用植物干细胞技术研究出的"超级抗原"已经用于人体多种疾病的治疗。在保健品和功能食品研发领域,植物干细胞已用于紫杉醇生产、多贝尔生产。野山参、紫杉、银杏、有机番茄的干细胞已经用于化妆品的生产。然而干细胞研究及其相关临床应用在为人类带来巨大利益的同时,也存在着生物危害的潜在安全隐患。无论用于基础研究还是临床治疗,都必须经过实验室干细胞分离、培养、定向诱导分化甚至基因操作,体内研究还涉及细胞的移植和体内示踪等较为复杂和耗时的过程。在干细胞实验室操作中,存在来自干细胞内源性的生物危害风险和操作过程中外源性的生物危害风险。

　　内源性污染主要是从干细胞的来源来考虑的,主要强调的是细胞自身携带一定的传染性、遗传性等问题。其污染危害包括:(1)细胞自身携带传染性疾病。在细胞的使用过程中,传染性疾病的传播是社会普遍关心的问题,其风险程度和可能的传播后果会随着细胞的来源、操作或培养方法以及是否采取适当的控制措施而有不同。(2)未知或罕见病原体的污染。如猪来源的干细胞逆转录病毒的携带等。(3)细胞自身所携带的遗传性疾病。一些特殊的染色体隐性遗传病的供体,由于其自身缺乏可供检测的表型,可能会导致受体引入相关的遗传性疾病,加大安全风险。

　　外源性污染主要是指外源性微生物污染,包括细菌、支原体、真菌和病毒污染等。在细胞分离和处理、操作和储存时,易受细菌和支原体污染威胁。

病毒污染有可能是细胞实验中偶然带入病毒。由于细胞库污染，异源移植造血干细胞发生感染的风险较高。许多干细胞的长期培养需要动物基质细胞作为饲养细胞来支持生长，导致一些已知或未知的动物源性病原体污染，因此治疗时细胞操作的防微生物污染策略仍需受到重视。

与内源性污染相比，外源性污染的危害具有污染途径多、防控更为复杂的特点。所以，在每个环节严格把关，保证干细胞的质量，对于干细胞研究和临床治疗研究起着决定性作用。如果外源性污染控制不力，除了加重病情、预期临床治疗失败以外，污染的病毒如果整合到受体中，甚至有可能导致肿瘤的意外发生。除此之外，使用被传染性病原体污染的细胞或组织不仅危害受体，而且还增加了传染病在普通人群中传播的风险。

干细胞研究是当今生命科学和生命技术研究中最热门的领域之一，其研究不但极大地加深了对基因的差别活化、转录、调控，以及细胞的有丝分裂、转化及凋亡等生命现象本质的科学认识，也推动了细胞克隆、转基因、基因编辑等现代生物技术的发展。目前，干细胞研究正在向现代生命科学和医学的各个领域交叉渗透，干细胞技术也从一种实验室概念逐渐转变成能够看得见的现实，并正在向临床应用转化。在干细胞研究中，引发生物安全风险的因素较多，尽管无法消除相关的安全隐患，但及时制定相应的防控措施，并经系统性的研究分析积累充分的数据，能够有效促进和监督，降低干细胞和细胞基础研究、临床应用研究中的生物危害风险，为干细胞的生物安全风险评估及管理提供安全、合理、科学的依据，保障临床应用的可靠性和安全性。

相信随着干细胞科学的不断深入、干细胞技术的快速发展、干细胞监管法规的日益完善，干细胞科技在干细胞移植、干细胞新药、干细胞组织器官修复等众多领域的应用将越来越广泛，其所针对的适应症将逐年增加，成为解决众多临床未满足需求的重要生力军，为许多过去难以攻克的疾病带来治疗的新希望。

第五节　应对措施

　　中央全面深化改革委员会第十二次会议明确提出,要从保护人民健康、保障国家安全、维护国家长治久安的高度,把生物安全纳入国家安全体系,系统规划国家生物安全风险防控和治理体系建设,全面提高国家生物安全治理能力。要推动出台《生物安全法》,加快构建国家生物安全法律法规体系、制度保障体系。此次会议在新冠肺炎疫情发生的特殊背景下,将生物安全的重要性提升到了前所未有的新高度。21世纪是互联网的世纪,同时也是生物学的世纪。近年来,生命科学、生物科技等领域发展迅猛,新发传染病疫苗研发、网络生物安全防范等生物安全领域都离不开强大的科技实力支撑。因此,筑牢国家生物安全防线,科技创新的手段必不可少。

　　生物安全也是国家安全的重要组成部分。如今,新兴生物技术在为人类健康带来福祉的同时,也对生物安全构成了新的威胁。新发突发传染病的暴发可能损害人的健康及生命安全,严重影响社会稳定和国家安全,对国际形势都会产生深远的影响。此外,外来生物入侵和农作物病虫害带来的经济、物种多样性的损失更是数不胜数。生物安全其实就在我们身边,关系着国计民生。因此,筑牢国家生物安全防线势在必行。当然,筑牢生物安全防线仅靠"单打独斗"是远远不够的。生物安全涉及国土安全、军事安全、科技安全等多个方面,具有多学科、多领域交叉的特点。这就需要优化科技创新模式,通过政府引导投资、各类型企业融合等方式加大对生物安全领域的投入,引进高新技术人才,开展战略前瞻性研究,培育壮大从事生物安全产业和技术研发的科技企业,提升国家生物安全核心竞争力,抢占国际生物技术制高点。

　　风险防范应是生物安全的首要原则。生物危害的发生具有严重、巨大以及不可逆转的破坏性,若不从源头开始预防,生物危害一旦发生,便会发生不可估量的损失。当今新兴生物技术迅猛发展,如何管好、用好生物科技创新,是构筑生物安全防线无法回避的课题。2004年开始,美国陆续发布了多个与

生物安全相关的国家战略。这些战略无一例外都强调了技术发展对生物安全的影响。生物技术发展进入高速上升期,基因编辑、合成生物等技术让人类看到了生命的无限可能性,但同时也打开了"潘多拉的魔盒"。部分合法的科学研究可能被用于非法目的,使其监管更为困难。所以,国家必须要完善相关法律法规,严格依法管理,堵塞漏洞,防止生物技术被滥用。同时,科研部门在加强生物科技创新的同时还要不断推进"两用性"等方面的研究,严格审查环节,将生物安全风险降至最低。

杜绝生物技术滥用,严格监管生物实验势在必行。生物安全的保障和风险的化解不仅存在于日常生物疾病的防范当中,而且存在于生物技术的开发和利用当中,所以相关科研部门必须防患于未然,杜绝生物技术的滥用。此外,实验室生物安全管理是目前比较薄弱的环节,也需要高度重视。生物安全三级实验室是全球进行致病性病原体研究的主流实验室,可以操作动物烈性传染病、人兽共患病、人类传染病等多种病原微生物,也是发生生物安全事故最多的实验室,因而要求实验室对高致病性病原微生物的采集、运输、储存等全流程管理做出严格要求,识别和杜绝各个环节中存在的隐患和漏洞。

在转基因生物技术及其产品领域,欧盟、美、日、南非、巴西等国家均已制定了相对完善的法律制度,系统防范转基因生物技术及其产品带来的潜在风险。欧盟对转基因产品的监控最为严格,1991年欧共体就发布实施了《关于遗传修饰微生物的封闭使用指令》和《遗传修饰生物环境目的释放指令》。美国生物技术安全管理理念不同于欧盟,主要是对生物技术产品的监管,通过制定《植物保护法》《联邦杀虫剂、杀真菌剂、灭鼠剂法》《有毒物质控制法》等法律管制生物技术产品。在生物遗传资源领域,菲律宾是最早立法管制生物遗传资源获取与惠益分享的国家。

针对国内外生物安全的威胁和新兴生物技术带来的挑战,我国生物安全按照总体要求,坚持发展与安全协调发展的理念,一方面要开展国家生物防御战略研究,强化对生物科技运用潜在安全问题的综合管控能力,另一方面要提高生物科技的发展水平,发展生物防御能力,确保国家生物领域的安全可控。

1.加强和完善生物安全监测体系建设

尽快实施和普及《生物安全法》,做到应知尽知,保障生物技术安全和健康发展。健全生物领域伦理审查机制和风险防控体系,制定包容审慎的审查标准,确保生物技术应用相关方的信息公开。加强生物技术科研活动的诚信管理,形成职责明确的科研诚信体系。

2.加大生物领域基础前沿源头创新

一方面,根据生物技术发展趋势,加大生物领域基础前沿和颠覆性技术研究,合成生物学、基因编辑、转基因、新型疫苗和抗体、神经技术、生物安全监测和应急处置技术、微生物病原体、遗传学等生物领域基础前沿研究;另一方面,抓住当前信息技术和生物技术交叉融合的特征,加强生物网络安全、生物安全大数据、生物计算等前沿交叉研究,提升我国生物科技竞争力。

3.加快建立生物安全领域国家实验室

整合现有科技创新资源,加快建设生物安全国家实验室,将其打造成生物先进开发与制造的综合研究机构和管理平台,加强生物领域基础技术和重大产品开发,解决我国突发公共卫生事件的战略需求。同时,通过重大基地建设和重大任务实施,培养和造就生物领域科技领军人才和创新团队。

4.设立生物安全国际大科学计划

全球化时代,生物安全涉及全球各国,必须发挥各自优势,共享共治。我国作为世界大国,有责任牵头设立生物安全国际大科学计划,组织全球科学家一起开展重大突发传染病、生物技术风险防控等国际科技合作研究,提升全球生物安全防控能力,促进新兴生物技术安全合理应用,推进人类命运共同体发展。

生物安全及生物技术的健康发展归根结底还是人才的竞争。当前我国科研人员在新发病原体研究、外来生物入侵防控、基因合成与编辑技术、转基因技术、干细胞移植等领域虽然有了突破性进展,但也需要认清我国在生物软件算法、生物安全核心装备、生物安全防护产品、生物安全专业技术人员以及管理体系等方面与国际先进水平存在一定的差距。因此,建议从高等院校等基础教育入手,培养、储备一批生物安全领域的专业人才,并广纳海内外英才,不断完善人才发掘、培育、晋升、鼓励机制,让中国成为生物安全及生物技术人才培养的新高地。

生物安全是关乎国家长治久安的重大命题,在发展和应用生物技术、造福人类的同时,必须严格遵守《生物安全法》,杜绝生物安全风险和事故发生。相信我们一定能发挥制度优势、体制优势,在新的形势下,奋力而为,为生物安全领域提供中国方案,造福世界、造福人类。

(姚航平、陈友吾、徐辉)

参考文献:

[1]胡维新.医学分子生物学[M].2版.北京:科学出版社,2014.

[2]吴乃虎.基因工程原理[M].2版.北京:科学出版社,1998.

[3]黄好,王世春.CRISPR/Cas:新一代基因编辑技术[J].生命的化学,2015,35(1):113-118.

[4]郭全娟,韩秋菊,张建.CRISPR/Cas9技术的脱靶效应及优化策略[J].生物化学与生物物理进展,2018,45(8):798-807.

[5]李广磊,曾艳婷,刘见桥.基因编辑技术在人类生殖细胞中的应用研究[J].生命科学,2018,30(9):932-938.

[6]李想,崔文涛,李奎.基因编辑技术及其应用的研究进展[J].中国畜牧兽医,2017,44(8):2241-2247.

[7]易显飞.人类生殖细胞基因编辑的伦理问题及其消解[J].武汉大学学报(哲学社会科学版),2019,72(4):39-45.

[8]郑小梅,张晓立,于建东,等.CRISPR/Cas9介导的基因组编辑技术的研究进展[J].生物技术进展,2015,5(1):1-9,78-79.

[9]WANG Hongxia,LI Mingqiang,LEE C M,etal.CRISPR/Cas9-Based Genome Editing for Disease Modeling and Therapy:Challenges and Opportunities for Nonviral Delivery[J].Chemical Reviews,2017,117(15):9874-9906.

[10]SINGH A,CHAKRABORTY D,SOUVIK M.CRISPR/Cas9: a historical and chemical biology perspective of targeted genome engineering[J].Chemical Society Reviews,

2016,45(24):6666-6684.

[11]KOMOR A C,BADRAN A H,LIU D R.CRISPR-Based Technologies for the Manipula-
tion of Eukaryotic Genomes[J].Cell,2017,168(1-2):20-36.

[12]ZHANG Feng,WEN Yan,GUO Xiong.CRISPR/Cas9 for genome editing:progress,
implications and challenges[J].Human Molecular Genetics,2014,23(R1):R40-6.

[13]薛达元.转基因生物风险与管理[M].北京:中国环境科学出版社,2005.

[14]李宁,付仲文,刘培磊,等.全球主要国家转基因生物安全管理政策比对[J].农业科技
管理,2010,29(1):1-6.

[15]李宁,汪其怀,付仲文.美国转基因生物安全管理考察报告[J].农业科技管理,2005,
24(5):12-17.

[16]陈超,展紧涛,廖西元.国外转基因生物安全管理分析及其启示[J].中国科技论坛,
2007,9:112-115.

[17]方向东.中国农业生物基因工程的安全管理[J].世界农业,2000,7:13-14.

[18]刘培磊,徐琳杰,叶纪明,等.我国农业转基因生物安全管理现状[J].生物安全学报,
2014,23(4):297-300.

[19]沈平,章秋艳,张丽,等.我国农业转基因生物安全管理法规回望和政策动态分析[J].
农业科技管理,2016,35(6):5-8.

[20]李江华,陈夏.《中华人民共和国食品安全法》解读[J].中国食品工业,2010,2:32-34,77.

[21]汪其怀.中国农业转基因生物安全管理回顾与展望[J].世界农业,2006,6:18-20.

[22]孙卓婧,张锋,宋贵文,等.2019年国际转基因管理政策调整及对我国的启示[J].江苏
农业科学,2021,49(2):1-5.

[23]张芳.转基因动物及其产品检测技术研究进展[J].中国动物检疫,2020,37(12):73-80.

[24]胡慧宇.转基因技术介绍[J].饲料博览,2020,11:13-15.

[25]侯军岐,黄珊珊.全球转基因作物发展趋势与中国产业化风险管理[J].西北农林科技
大学学报(社会科学版),2020,20(6):104-111.

[26]胡慧宇,李忠慧.转基因动物安全性评价[J].当代畜禽养殖业,2020,11:35-36.

[27]管开明.转基因发展中的公众信任建立策略[J].产业与科技论坛,2021,20(3):229-
230.

[28]闫守泉.干细胞实验研究中的生物安全风险及其防控对策[J].临床医学研究与实践,
2016,1(16):158.

[29]熊鹰,余欢欢,张龙威,等.干细胞技术的研究热点领域与最新进展[J].生物技术进展,2014,4(4):258-262.

[30]王壮,裴雪涛.干细胞临床应用现状及管理对策[J].中国生物工程杂志,2011,31(8):118-123.

[31]王壮,李劲松,裴雪涛.干细胞实验研究中的生物安全风险及其防控对策[J].军事医学,2011,35(1):17-20.

[32]何志旭.干细胞技术及其应用进展[J].中华肿瘤防治杂志,2006,13(8):641-644.

[33]宋思扬,楼士林.生物技术概论[M].4版.北京:科学出版社,2014.

[34]徐升.用科技创新筑牢国家生物安全防线[J].科学大观园,2020,5:76.

[35]王革.今天,我们为什么要关注生物安全[N].光明日报,2020-04-16(16).

第五章　实验室生物安全

实验室生物安全作为生物安全的主要领域,也是国家安全的重要组成部分,关乎国家安全和广大人民群众的健康与生命安全。近年来实验室生物安全事故层出不穷,引起了国家和各级政府的高度重视与关注。

实验室生物安全主要体现在实验室广泛采集、使用、研究多种多样的含有病原微生物,特别是高致病性病原微生物的实验材料,在实验活动过程中对高风险材料控制不严密、操作不规范可能导致各种意外,高风险感染实验材料一旦泄漏极有可能将病原微生物扩散至自然界,导致实验室以外的人员感染,甚至在自然界发生恶性变异、存续,那么就可能对人类的健康和环境安全造成严重威胁。

一些基因相关的操作,如基因编辑、修饰、重组等技术可以改变一些生物的基本特性,如病原微生物可以出现致病性和感染性增强、传播途径改变,最终导致不可预测的风险和后果。比如在一个简单的实验室就能开展用于特殊目的的生物体研究和合成,如果这些危险的"定时炸弹"被别有用心的人恶意使用,这种制剂就会成为生物战剂,如果被用于生物恐怖袭击,将给人类带来巨大灾难。

生物安全实验室,特别是高等级生物安全实验室,是开展高致病性病原微生物检测与研究的专用基础设施,而设施的物理安全、人员安全以及病原体保藏安全等是这类实验室所面对的重大问题,应极力避免或控制相关风险,因为一旦出现问题将导致生物安全事故。

第一节 概念与定义

一、定义

实验室生物安全（laboratory biosafety）是指实验室层面与病原微生物相关的生物安全。实验室在操作各种具有感染性的病原微生物相关材料时，都会存在各种与病原微生物相关的安全风险。如操作人员在操作时被病原因子感染，进而导致发病，或者相关的感染性材料如菌种、生物样本被盗被抢、丢失以及感染性材料发生溢洒等，均可能造成人员感染或病原扩散，进而导致疾病流行及其他重大社会性影响事件等严重后果，如果被恶意使用就会带来重大的社会公共安全问题。

根据《实验室生物安全通用要求（GB 19489—2008）》，对实验室生物安全的定义是：实验室生物安全的条件和状态不低于允许水平，可避免实验人员、来访人员、社区及环境受到不可接受的损害，符合相关法规、标准等对实验室生物安全责任的要求。要求实验室在开展各种活动的过程中，应将相关风险控制在允许的水平状态，而不会对实验人员及周围的环境等带来损害，目的是做到风险可控。

各类病原微生物实验室在开展病原微生物实验活动过程中，都会存在各种不同程度的生物安全风险，是不可避免和客观存在的现象，只是各实验室因涉及的病原微生物危害程度不同，所以导致的风险大小不一，产生的后果也各不相同。虽然风险是客观存在的，但我们不能任由这类风险随意发生，而是可以通过严格的管理、人员准入与培训、规范实验操作、不同的病原微生物实验活动严格限定在符合要求的生物安全实验室设施中进行等一系列综合性风险控制措施进行控制，将风险控制在我们可以接受的水平。

在讨论实验室生物安全相关话题时，不得不涉及生物安全实验室（biosafety laboratory）这个概念。生物安全实验室是指一类从事病原微生物各类实验活动的专业实验室,根据国家标准的定义,它是指通过防护屏障和规范操作、严格的管理措施,达到生物安全要求的病原微生物实验室,就是通过科学的设计、建设,专业和防护设备的配置,加上规范的操作、科学的个体防护及严格综合性的管理措施,达到生物安全要求。

二、实验室分级

根据《病原微生物实验室生物安全管理条例》的要求,我国对生物安全实验室实行分级管理,根据病原微生物防护水平将生物安全实验室分成四个防护等级,即一级生物安全实验室(BSL-1)、二级生物安全实验室(BSL-2)、三级生物安全实验室(BSL-3)和四级生物安全实验室(BSL-4)。BSL-1和BSL-2为低等级生物安全实验室,BSL-3和BSL-4为高等级生物安全实验室。BSL-1实验室防护等级最低,BSL-4实验室防护等级最高。

不同等级的生物安全实验室适用于操作不同危害等级的病原微生物相关材料和样本,目的是将实验活动的风险控制在最小范围和可以接受的水平。

生物安全实验室一般根据病原微生物来源,分为人感染的病原微生物实验活动的生物安全实验室(BSL)和动物感染的病原微生物实验活动的生物安全实验室(ABSL)。

根据生物安全实验室是否是固定设施,又分为固定式生物安全实验室和移动式生物安全实验室。固定式生物安全实验室主要用于日常的检测、诊断、研究和教学活动。而移动式生物安全实验室主要用于发生重大传染病疫情或生物安全事故的相关诊断、检测活动,比较灵活,可以随时移动到工作现场。

三、病原微生物分类

我国对各类病原微生物实行分类管理,根据《病原微生物实验室生物安全管理条例》规定,卫生部和农业部分别组织制定了《人间传染的病原微生物名录》和《动物病原微生物分类名录》,对病毒、细菌、放线菌、衣原体、支原体、立克次体、螺旋体及 Prion(朊病毒蛋白)进行了危害程度分类,将病原微生物分为四类:第一类病原微生物,是指能够引起人类或者动物非常严重疾病的微生物,以及我国尚未发现或者已经宣布消灭的微生物。比如埃博拉病毒、马尔堡病毒、天花病毒等。第二类病原微生物,是指能够引起人类或者动物严重疾病,比较容易直接或者间接在人与人、动物与人、动物与动物间传播的微生物。主要有 H7N9、H5N1、新型冠状病毒、HIV、布尼亚病毒、乙型脑炎病毒、口蹄疫病毒、狂犬病毒、鼠疫耶尔森菌、结核杆菌、炭疽杆菌、霍乱弧菌、布鲁氏菌等。第三类病原微生物,是指能够引起人类或者动物疾病,但一般情况下对人、动物或者环境不构成严重危害,传播风险有限,实验室感染后很少引起严重疾病,并且具备有效治疗和预防措施的微生物。主要有腺病毒、登革热病毒、各型肝炎病毒、流行性感冒病毒、轮状病毒、鲍氏不动杆菌、蜡样芽孢杆菌、沙眼衣原体、肉毒梭菌、白喉杆菌、破伤风杆菌、嗜肺军团菌、金黄色葡萄球菌、伤寒沙门菌等。第四类病原微生物,是指在通常情况下不会引起人类或者动物疾病的微生物。

《病原微生物实验室生物安全管理条例》将第一类、第二类病原微生物统称为高致病性病原微生物。

第二节　现状

一、实验室生物安全事故

生物安全实验室是专门从事各类病原微生物实验研究、检测、诊断和教学活动的特定专用场所,实验室开展实验活动时实验人员会直接面对和接触各类含有病原微生物的材料,所以实验活动中随时会被感染或存在其他的生物安全风险,如果管理不当,违规操作,缺乏安全意识,存在侥幸心理,个体防护不到位等,就可能发生实验室感染,甚至导致发病、死亡等各种生物安全事故。

　　如1941年,Meyer(迈尔斯)和Eddie(埃迪)发表了在美国发生的一起实验室感染事件的调查报告,其中有74人感染布鲁氏菌。1949年,Sulkin(苏尔金)和Pike(派克)发表了他们有关实验室相关性感染的调查报告,分析了222例病毒性感染,其中有21例死亡,结果表明至少三分之一病例的感染原因和操作感染性动物或组织有关。

　　英国某实验室于1966年和1978年连续发生两起天花病毒实验室感染事故,原因是一楼的实验室中的天花病毒通过电话线贯穿处的缝隙进入二楼的实验室导致人员感染。

　　1967年8月,德国马尔堡和法兰克福等地的脊髓灰质炎疫苗研究实验室从乌干达运送500多只长尾绿猴经伦敦进入德国用于研制疫苗,在实验过程中实验人员使用猴肾细胞进行培养,因接触了感染病毒的猴肾组织,先后有31人感染发病,导致7人死亡。3个月后德国专家才找到罪魁祸首:一种危险的新病毒,形状如蛇行棒状,是猴类传染给人类的。这就是马尔堡病毒,与埃博拉病毒为同一家族,却比埃博拉病毒厉害得多。

　　1979年,苏联斯维尔德洛夫斯克发生炭疽杆菌泄漏事件。据有关记载显示,至1979年4月20日,350人发病,45人死亡,214人濒临死亡。

　　2003年1月,美国得克萨斯理工大学生物安全实验室30份鼠疫耶尔森菌样本丢失,最后导致美国联邦调查局介入,但遗憾的是最终依然未找到这批鼠疫耶尔森菌样本。

　　2003年在新加坡、中国接连发生三起SARS病毒实验室感染事件。

　　2014年6月,美国疾病控制与预防中心下属单位、位于亚特兰大的实验室发生炭疽杆菌泄露事件,最终导致62名员工暴露于炭疽气溶胶污染环境。

　　2014年7月,美国国立卫生研究院在清理一个多年未用的实验室冷藏室时发现了6瓶被遗忘的天花病毒,最后导致美国疾病控制与预防中心主任在国会听证会上承认联邦政府实验室存在系统性安全问题,并承诺加强改进。

　　我国同样不时有发生实验室生物安全事故的报道,如2011年东北农业大学学生在实验室解剖未经检疫的活羊样本时,因没有采取适当的个体防护措施,导致28名师生感染布鲁氏菌。

2019年兰州生物药厂在兽用布鲁氏杆菌疫苗生产过程中使用过期消毒剂,致使生产发酵罐废气排放灭菌不彻底,携带含菌发酵液的废气形成含菌气溶胶,导致居民感染布鲁氏菌,该事故造成布鲁氏杆菌抗体阳性感染者达6000多人。

在2020年的新型冠状病毒肺炎疫情防控过程中,我国有数千医护人员在医疗诊治中发生职业感染,甚至有多名医护人员死亡。根据公开报道,美国、意大利及英国等西方国家在诊治过程中感染新型冠状病毒的医护人员更是达到数万人,严重威胁到医护人员的生命安全。

实验室感染的原因是多方面的,包括管理不到位、培训不充分、违反操作规程、操作发生意外等。感染的途径也是多种多样的,如吸入污染的气溶胶、被污染的器具刺割伤等。有报道称,绝大多数的实验室感染事件主要原因在于实验人员缺乏安全意识、违反操作规程。但从新型冠状病毒肺炎防控中相关人员的感染情况分析,主要是对病毒的特性了解不够,以及疫情早期缺乏必要的个体防护装备,还有就是长期连续高强度工作导致身体免疫力下降,个体防护装备使用不规范等原因所致。

实验室感染不仅会导致相关人员发病甚至死亡,同时也可能导致病原的扩散,甚至是疾病的流行,也可能被某些人作为"报复社会"的工具,危害极大。

见诸报端的上述几起实验室生物安全事件,只是海量实验室生物安全事故中的冰山一角,实验室生物安全管理不仅任重道远,而且也是一项需要长期坚持和重点关注的工作。

二、生物安全实验室设施建设

生物安全实验室是从事各类病原微生物实验活动的基础设施和专业场所,对于完成各种实验检测和科学研究十分重要,也是进行各种病原微生物相关的实验活动风险控制的重要保障。因此,科学、规范设计和建设各类与所开展的实验活动的风险控制等相适应的生物安全实验室十分关键。

生物安全实验室在设计建设方面有严格的要求和标准,不仅专业性强,技术要求也很高,尤其在对感染源风险的控制,人员和环境保护,平面布局、围护结构、通风系统等方面应严格遵循国家的法律法规和相关标准的要求。

生物安全实验室,特别是高等级生物安全实验室,是一个在安全、可靠和封闭的物理环境中操作高风险生物材料的物理性屏障设施。一般由一级防护屏障(安全设备、个体防护装备)和二级防护屏障(安全设施)组成。根据设计特点、结构、围堵设施、设备、个体防护和规范管理,适用于不同风险等级病原微生物材料操作的专业实验室。

高等级生物安全实验室由于精细、围护结构密闭性好、管理严格规范、个体防护严格到位,加上配套设施齐全、安保措施严格,安全保障系数非常高,所以适用于风险等级较高的病原微生物相关的感染性材料的操作。

生物安全实验室,特别是高等级生物安全实验室,是各次重大传染病疫情防控、生物技术研究与应用、生物制药开发、疫苗生产的关键性创新平台和技术支撑平台,在SARS、H5N1禽流感、H7N9禽流感以及本次新型冠状病毒肺炎的防控工作中,都发挥了巨大技术支撑和保障作用。生物安全实验室是不可或缺的,也是一个国家层面的战略技术平台和基础设施,意义重大。

我国的高等级生物安全实验室建设起步较晚,开始于20世纪80年代。近十年来,为有效预防和控制公共卫生突发事件和重大传染病疫情,保障我国公共卫生安全、社会稳定和经济发展,国家陆续投入大量资金建立全国疾病预防控制体系,各省、自治区、直辖市均陆续开始重点关注公共卫生和疾病预防控制相关领域的硬件基础设施建设,全面提升了重大传染病诊断和检测能力。

我国生物安全实验室建设与管理工作,虽然起步于20世纪80年代,但直到21世纪初才逐渐重视和规范,并相继出台相关的国家和行业标准,如《实验室　生物安全通用要求(GB 19489—2008)》《生物安全实验室建筑技术规范(GB 50346—2011)》和《病原微生物实验室生物安全通用准则(WS 233—2017)》等。目前我国共有高等级生物安全实验室71个,其中三级生物安全实验室有68个,四级生物安全实验室有3个。这一规模与西方国家相比差距还很大。尤其是疫苗生产、动物实验评价、创新研究等高等级生物安全基础设施建设存在不足,严重制约了相关产业的发展。目前我国十分重视,国家方

面和各地政府都在加快规划生物安全实验室的布局与建设,为生物安全技术和基础设施的战略性储备,提供了发展契机,有助于推动我国生物安全实验室体系的建设实现新的跨越。

目前我国有数量庞大的基础性(低防护等级)实验室分布在不同行业和专业领域。仅浙江省目前通过系统备案的一、二级生物安全实验室就达到4000多个。我国已基本形成一个比较完善的生物安全实验室建设体系,初步形成了比较系统、布局相对合理、功能齐全、管理规范的生物安全实验室网络架构,基本能够满足各类传染病疫情在防控中的诊断与应急检测的需求。

实验室建设是一项强基础、提能力、保安全的战略性基础工程,需要各级政府进一步加大对实验室建设规划、区域布局、经费投入、队伍建设、能力提升等方面的关注和支持,以筑牢实验室生物安全这道防护墙,构筑抵御各种安全风险的牢固盾牌,确保我国生物安全。

而西方国家则早在20世纪50—60年代就开始布局建设生物安全实验室。美国在生物安全实验室建设方面处于全球领先地位,不仅数量多、分布广、等级高、研究内容广,而且高等级实验室数量庞大。据报道,美国各地建设的BSL-4实验室就多达16个,分布在各个重要部门和行业。BSL-3实验室更是多达1500多个。这些高等级实验室主要用于病原微生物相关的疫苗、药物、基因编辑、分子克隆与合成等领域。

美国不仅在国内建有数量庞大的高等级生物安全实验室,还在世界各地的许多国家建立有数百个高等级生物安全实验室,从事着各种相关研究,应引起我们高度重视。

在欧洲国家中,建设运行的BSL-4实验室多达26个,其中德国和瑞士各建有4个BSL-4实验室。截至2007年,英国有347个BSL-3实验室。欧洲之外,加拿大、澳大利亚等国家均有数量不等的BSL-4实验室。亚洲国家共有11个BSL-4实验室,其中印度和中国各有4个,日本有2个,韩国有1个。非洲国家共有2个BSL-3实验室,分别在法兰西维尔医疗国际研究中心和南非约翰内斯堡的国立传染病研究所。

随着各国高等级生物安全实验室的不断兴建和启用运行,实验室的安全问题引起极大争论,美国政府问责局曾连续撰写报告质疑美国新建高等级生物安全实验室的必要性与安全性。美国疾病控制与预防中心2000年6月和12月相继发生的实验室炭疽事件和埃博拉事件更增加了人们对实验室生物安全的担忧。生物安全实验室,特别是高等级生物安全实验室的生物安全风险评估及控制措施,对确保实验室安全运行,保障工作人员、社会安全具有重要意义。

从安全性讲,高等级生物安全实验室虽然从事风险等级很高的病原微生物实验活动,但是因其实验室设施防护等级高、设计严密、密闭性能好、有很好的气流组织模式、管理严格规范、个体防护等级高,反而是很安全的,并不是外界想象的那样是一个危机四伏的定时炸弹。

我国生物安全形势总体趋于平稳,生物安全实验室等基础设施与能力建设发展比较快,但是仍然存在总量不足、区域布局不合理、硬件设施条件相对落后、操作不够规范、管理经验不足等薄弱环节,尤其是高等级生物安全实验室和相关设施建设滞后,严重制约了我国在生物制药、疫苗生产等领域的发展。我国作为国际上正在崛起的新兴大国,肩负着越来越多的国际责任,同时,我国也是世界上最大的发展中国家,理应对高等级生物安全实验室的规划和建设有个整体、系统的谋划和布局,以满足我国高速发展的需求,有能力应对各种重大国际性安全事件的挑战,确保国家总体的安全。

三、实验室生物安全管理现状

1.国外发展现状

生物安全与全球化时代进步密切相关,同时与社会经济发展水平相联系,既以国家安全为统领,又和自然科学、社会科学相结合。在重大传染病、新兴的生物技术的开发应用、生物资源的有效管理、防止生物入侵、重大生物恐怖事件、生物多样性的维护等领域的生物安全风险,都和实验室存在某种联系,也是实验室生物安全管理的重要任务和要实现的安全目标。因此各国高度重视,不断提升生物安全风险控制能力,强化生物安全实验室的基础设施建设,提升生物安全风险控制意识,加强生物安全"防护墙"建设。特别是

西方发达国家,早就开始关注和重视实验室生物安全管理和硬件设施的建设。

美国早在20世纪50—60年代就有科学家提出了实验室生物安全的概念,当时主要是为了防止生物战剂的泄漏,对实验室设施建设、建筑设计提出技术要求。在20世纪70—80年代屡屡发生的实验室生物安全事故,也使其意识到需要加强对实验室操作的规范性、个体防护要求和实验室设施建设等进行管理和规范。1979年,美国著名实验室感染研究专家提出:生物安全知识、防护技术和设备配置及管理对防止大多数实验室感染的发生是非常有用的。后来美国职业安全与健康局组织发布了《基于危害程度的病原微生物分类》,首次提出要把病原微生物进行分类,并将实验室分成四个等级。1999年,美国生物安全协会、美国疾病控制与预防中心和美国国立卫生研究院联合出版了《微生物学及生物医学实验室生物安全准则》,该准则根据严峻的生物安全形势,对特殊材料操作及实验室防护等级做出了明确要求。

1977年,加拿大医学研究理事会出版了《实验室生物安全指南》,针对重组DNA、动物病毒和细胞使用与操作等提出了规范要求。2004年,正式出版了第三版《实验室生物安全指南》,内容涵盖了生物安全、感染性材料的处理、动物实验室的生物安全、消毒及生物安全柜的使用等。

英国卫生和安全执行局(HSE)危险病原体咨询委员会(ACDP)按照各类病原体微生物的危害程度和在其他国家的分布情况,于1995年发布了第四版《根据危害和防护分类的生物因子的分类》。2000年,对《根据危害和防护分类的生物因子的分类》进行了补充修订。2004年,为了适应新法规《危害健康的物质理规定》的要求,发布了《生物因子许可名录》。

2.国内发展现状

我国实验室生物安全管理工作起步要比西方发达国家晚,刚开始大家对实验室生物安全重视不够,对其重要性认识不足,实际工作过程中缺乏必要的防护措施,因此,实验室感染和职业暴露事件时有发生,实验室生物安全面临的形势非常严峻。

直至2003年的SARS疫情及2004年H5N1禽流感疫情暴发后,人们才逐渐认识到实验室生物安全的重要性,并开始关注和重视生物安全工作,国家相继出台了相关的法律法规和标准,使我国生物安全管理工作有了良好的开端。

2002年,原卫生部组织制定了我国第一个有关实验室生物安全管理的行业标准《微生物和生物医学实验室生物安全通用准则(WS 233—2002)》,该标准的发布具有里程碑意义。随后,国务院于2004年颁布了《病原微生物实验室生物安全管理条例》,也是第一个实验室生物安全管理的行政法规,为我国实验室生物安全管理提供了法律依据。该条例明确了实验室生物安全管理的责任部门、主体法律责任和责任追究事项,同时对日常管理提出了具体要求。2004年还出台了配套性国家标准《实验室　生物安全通用要求(GB 19489—2004)》和《生物安全实验室建筑技术规范(GB 50346—2004)》,对实验室生物安全日常管理和实验室硬件设施建设提出了具体的技术要求。为了保障高致病性病原微生物菌(毒)种运输和运输过程中的安全,2005年,原卫生部发布第45号令《可感染人类的高致病性病原微生物菌(毒)种或样本运输管理规定》,对运输审批、接受单位条件、样本包装容器、运输路径、运输途中的安全保障等提出要求。2006年,国家环境保护总局发布了第32号令《病原微生物实验室生物安全环境管理办法》,从环境保护角度对新建、改建和扩建的生物安全实验室提出了环境评价和保护的原则要求。同年,原卫生部发布了第50号令《人间传染的高致病性病原微生物实验室和实验活动生物安全审批管理办法》,对高等级生物安全实验室实验活动资格审批等做出规定。农业部于2005年发布了第53号令《动物病原微生物分类名录》,对动物感染的病原微生物进行了分类。2006年,原卫生部发布了《人间传染的病原微生物名录》,对160种病毒、155种细菌和59种真菌及6种朊病毒蛋白,按照其危害等级进行了分类列表,并对各种实验材料操作的实验室防护等级进行了归类和界定。

为了适应生物安全管理的需要和实际情况,我国分别于2008年、2011年、2017年对GB 19489、GB 50346、WS 233等标准进行了改版。2018年对《病原微生物实验室生物安全管理条例》进行了修订,使其更加符合我国实际情况和管理的需要。

　　科技部于2011年发布了第15号令《高等级病原微生物实验室建设审查办法》，要求对新建、改建、扩建高等级病原微生物实验室或者生产、进口移动式高等级病原微生物实验室进行审查。该办法于2018年进行了修订。国家发展改革委和科技部为进一步提高我国高级别生物安全实验室体系的建设水平，增强生物安全科技自主创新能力，于2016年联合发布了《高级别生物安全实验室体系建设规划（2016—2025年）》。

　　2017年，《国家突发事件应急体系建设"十三五"规划》提出了要加强突发急性传染病防控队伍建设，推广实验室快速检测，推动生物安全四级实验室建设，完善国家级突发急性传染病检测平台和高等级生物安全实验室网络，强化对突发急性传染病已知病原体全面检测和未知病原体快速筛查能力。

　　在复杂多变的国际形势下，为了确保国家安全，我国把生物安全提升到了国家安全的战略高度。作为国家安全重要组成部分的生物安全管理工作极具挑战性，为了保障国家安全，2020年10月17日我国颁布了《生物安全法》，这是一件具有划时代意义的大事。《生物安全法》的出台，不仅标志着我国有了专门的生物安全法律，也必将极大提升我国生物安全的地位和能力。《生物安全法》对重大生物安全风险领域进行了规定，其中将实验室生物安全作为重点防控领域。另外，在职能分工、能力提升、防控措施和法律责任等方面进行了明确。这将为我国防控生物安全风险，筑起全方位的生物安全防护网。

　　3.存在的主要问题

　　经过近二十年的建设发展，我国实验室生物安全工作取得很大成就，但是在立法、管理机制、基础设施规划布局、能力建设等方面还不能满足生物安全管理的现实需要。在实验室生物安全管理方面存在以下不足和短板：

　　（1）管理机制尚需完善，协调联动渠道不畅。

　　由于生物安全立法较晚，一直以来我国生物安全管理部门、行业之间存在协调沟通渠道不够顺畅，条块分割，缺少统一协调联动机制，严重影响实验室生物安全管理的效率。

　　（2）基础设施规划布局和建设滞后，发展不平衡。

　　我国在生物安全实验室基础设施规划布局方面相对滞后，基础设施建设跟不上重大传染病疫情防控和生物技术产业的发展步伐,存在总量不足、推进不快和区域间发展不平衡、投入不足等问题,尤其是高等级生物安全实验室建设明显滞后,严重影响和制约了我国相关生物技术的研发和生产。

(3)实验室生物安全管理能力和人才队伍不足。

实验室生物安全管理虽然有了一定发展,但是在生物安全管理的能力和人才队伍建设方面相对薄弱,缺乏高层次领军人才,管理能力和水平跟不上发展步伐。在突发事件处置能力方面缺乏一批专业精、能力强、管理水平高的专业人才队伍,也存在人才培养机制不完善和系统性不够等问题。

(4)实验室生物安全防线不够牢固,时有生物安全事件发生。

由于存在重业务、重科研、轻安全的思想,责任传达不到位,监管不力,存在安全隐患。

第三节　防控与应对

实验室生物安全关系到国家总体安全,关系到民众的健康与安全,关系到环境安全和社会稳定。我们必须清醒地认识到实验室生物安全管理主要是对实验活动过程中的生物风险管控,这是一项长期而复杂、艰巨的动态管理过程,在实验室生物安全风险评估和风险控制能力上尤其重要。生物安全风险控制是动态的,随着社会经济和科学技术的发展,随时会出现新的风险和挑战,是一个持续的过程性管理,需要采取综合性管理措施,采用科学的风险控制策略,及时持续关注和跟踪国内外的发展进程。因此,不仅需要良好的设施、设备等条件的支撑,更重要的是要提高相关参与者的安全意识和风险防控的自觉性。

我国在实验室生物安全管理中,借鉴国外的先进管理经验,同时结合我国基本国情,实行先行先试、边实战边总结的模式,经过不到二十年的时间,已经建立了一套具有中国特色的实验室生物安全管理模式。

一、依法管理，建章立制

我国自2003年SARS疫情大规模暴发后,逐渐认识到实验室生物安全管理的重要性和迫切性,以《病原微生物实验室生物安全管理条例》出台为契机,围绕实验室生物安全主线,我国相继出台了相关法律法规和国家标准,基本形成了一套系统、完整的法律法规体系,为实验室生物安全管理提供了法律依据和保障。尤其是2020年《中华人民共和国生物安全法》的出台,对实验室生物安全管理具有里程碑意义,必将使我国生物安全管理工作再次跨上一个新台阶。

实验室生物安全管理和其他生物安全管理一样,在分级管理上,逐步形成国家、省、市、区及实验室设立单位的分级、分层管理架构与模式,形成了责任明确、各司其职、互相协同支持的良好局面。

同时,根据相关规定,以实验室备案为抓手,基本掌握了相关行业生物安全实验室的分布和建设的基本情况,摸清了底数,为统一规范管理提供了基本信息数据,为下一步工作奠定了扎实基础。

1.依法行政,各尽其责

实验室生物安全管理牵头部门和各相关主管部门应按照《生物安全法》与《病原微生物实验室生物安全管理条例》的规定,建立跨部门和跨行业的领导协调机制和机构,各相关的主管部门履行各自监管职责,建立本地区和本行业的实验室生物安全管理办法或规范,加强日常监管,统筹规划,加快传染病疫情防控相关高等级生物安全实验室的布局、规划和建设等,做好应对重大传染病疫情的专业人员队伍建设,做大做强生物技术产业,占领生物技术研究的新高地,实现从跟跑到并跑,甚至领跑的转变。

2.健全组织架构,明确管理责任

《生物安全法》第四十八条规定病原微生物实验室的设立单位负责实验室的生物安全管理,制定科学、严格的管理制度,定期对有关生物安全规定的落实情况进行检查,对实验室设施、设备、材料等进行检查、维护和更新,确保其符合国家标准。

病原微生物实验室设立单位的法定代表人和实验室负责人对实验室的生物安全负责。

实验室设立单位应严格按照要求承担实验室生物安全管理的主体责任，建立健全组织架构和管理体系，组织编制生物安全管理体系文件（包括生物安全管理手册、程序文件、标准操作规程及体系运行相关的各种记录表格等），制定相关制度，体系文件中应明确部门和岗位责任。实验室设立单位应为实验室生物安全管理体系运行提供人员、设施设备、培训、经费等方面的保障，确保管理体系高效有序运行。

二、依法管理，杜绝漏洞

实验室生物安全的管理主要体现在实验室备案、人员准入、实验室建设和实验活动审批管理等几方面。

1.实验室备案管理

生物安全实验室备案是依法管理的基本要求，《生物安全法》第四十四条规定设立病原微生物实验室，应当依法取得批准或者进行备案。

通过实验室备案，主管部门可有效掌握生物安全实验室在区域、行业等领域的分布和基本情况，并对其进行有效监管。

2.人员准入管理

《生物安全法》第五十条规定病原体微生物实验室的设立单位应当制定生物安全事件应急预案，定期组织开展人员培训和应急演练。

人员准入主要通过准入资质的审核，包括审核专业背景、实际工作经历和技术能力、操作的规范性和健康等事项，要求实验人员具备承担相关岗位工作的基本能力和必备条件。必要时，对关键的重点岗位应进行实验人员的忠诚度考核和心理素质测试等。如在各项重大活动期间，需要加强对重点人群的监管，杜绝安全隐患，防止发生重大的生物安全事故。

3.实验室建设管理

高等级生物安全实验室的建设，要符合国家高等级生物安全实验室总体规划要求，科学合理布局和建设，防止一哄而上，避免社会资源的浪费。高等

级生物安全实验室立项应符合国家和省、市的总体规划和区域布局要求。要加强对新建、改建和扩建的高等级生物安全实验室在立项审核、实验室生物安全认可、实验活动资格审批等方面的前置性把关。

另外,各地区应科学统一规划、布局必要的低等级生物安全实验室(BSL-1、BSL-2),使其能满足日常实验室检测任务,特别是能满足诸如SRAS、禽流感、新型冠状病毒肺炎疫情等重大突发传染病的疫情防控诊断与检测。

4.实验活动审批管理

《生物安全法》第四十六条要求高等级病原微生物实验室从事高致病性或者疑似高致病性病原微生物实验活动,应当经省级以上人民政府卫生健康或者农业农村主管部门批准,并将实验活动情况向批准部门报告。

对我国尚未发现或者已经宣布消灭的病原微生物,未经批准不得从事相关实验活动。

个人不得设立病原微生物实验室或者从事病原微生物实验活动。

从事病原微生物实验活动,应当严格遵守有关国家标准和实验室技术规范、操作规程,采取安全防范措施。

从事高风险、中风险生物技术研究、开发活动,应当由在我国境内依法成立的法人组织进行,并依法取得批准或者进行备案。

我国对高致病性病原微生物实验活动采用审批制,因此实验室在开展高致病性病原微生物实验活动前,应向省级卫生健康或农业农村等主管部门提出申请,批准后才能开展实验活动,未经批准不得开展相关实验活动。依据法律法规,实验室应向批准单位报告实验活动开展情况,不得超范围开展实验活动,不得开展国家明令禁止的实验活动。同时,主管部门应加强对实验活动的监管,以此规范实验室实验活动的管理,规避重大生物安全事故的发生。

5.菌(毒)种和生物样本管理

菌(毒)种和生物样本管理贯穿于整个实验过程和检测链,即从样本采集、包装、转运、使用、保存、运输及销毁的全过程。菌(毒)种和生物样本也是最容易导致生物安全事故的一个方面,必须高度重视,严格实现全过程监管,确保实验室生物安全。

《生物安全法》第四十三条规定国家根据病原微生物的传染性、感染后对人和动物的个体或者群体的危害程度,对病原微生物实行分类管理。

从事高致病性或者疑似高致病性病原微生物样本采集、保藏、运输活动,应当具备相应条件,符合生物安全管理规范。

实验室设立单位应建立健全菌(毒)种和生物样本管理制度,落实专人管理,严格审批程序,重点从以下几方面入手:

(1)实验室设立单位应建立菌(毒)种和生物样本管理程序,明确管理责任和规范日常管理程序。

(2)采集的样本按照相关规定规范包装,按照样本危害等级分类包装,使用合格的包装材料规范包装,防止破损、溢洒、渗漏和跌落等。

(3)菌(毒)种和生物样本使用应进行审批,对使用过程的风险进行控制。

(4)病原微生物菌(毒)种和生物样本应保存在专门的场所和设备内,实行严格的监管措施,落实必要的安保措施。

(5)建立菌(毒)种和生物样本管理的台账和明细,接受和使用严格交接手续。

(6)运输时实行严格的批准程序,规范运输路径和专人专车运输,运输过程做好安全控制和应急措施的准备,必要时实行全过程跟踪监管。

(7)加强对菌(毒)种和生物样本使用的过程管理,防止菌(毒)种和生物样本的丢失、泄漏和误用。

(8)使用过和没有使用、保存价值的菌(毒)种和生物样本,应经过审批后进行销毁。销毁时应采用灭菌效果可靠的方法和消毒剂进行消毒或灭菌。

(9)实验活动结束后实验室应将使用过的菌(毒)种和生物样本上送给保藏机构或申请就地销毁。

(10)做好上述各个环节的交接和使用记录,做到账物相符,流向明确清晰,并及时整理归档,杜绝安全漏洞、消除安全隐患。菌(毒)种和生物样本保存和使用单位应具备规范的实验室硬件设施、安全防护设备和符合要求的安保设施和条件。预防菌(毒)种和生物样本被抢、被盗和不正当的恶意使用等。另外,实验室设立单位应指定专人负责,完善相关程序,规范领用交接记

录,确保菌(毒)种和生物样本在整个使用过程中各个环节的安全。

6.风险评估和风险控制管理

风险评估是风险控制的基础,也是生物安全管理的核心工作。

生物安全实验室开展任何实验活动都会涉及不同危害等级的病原微生物,分子生物学技术的开发应用(如基因重组、编辑、修饰,干细胞治疗等)带来各种各样大小不一的风险,风险大小和病原微生物的危害等级等因素是密切相关的,风险等级越高的病原微生物,其操作的风险也就越大,带来的后果就会越严重。尤其是操作第一类和第二类(高致病性)的相关材料时,风险等级就比较高,要求采取更严密的风险控制措施。基因编辑、修饰等技术可能带来的生物安全风险是不可预知的,甚至有可能是不可控的风险。当然,风险还会来自于具体操作人员的素质和能力及操作的规范性,来自于设施设备、实验材料,甚至来自于管理的组织架构和体系文件等方方面面。所以,风险评估就是要将实验活动涉及的各类风险点逐个识别出来,对重点风险进行重点控制,做到有的放矢,这也是实验室生物安全管理的重点环节和主要目的。

风险评估可以是对一个实验室的实验活动进行技术层面的风险评估,如对人员的素质能力、操作规范性、个体防护是否到位等进行评估;也可以是对实验室设立单位的管理进行风险评估,如对组织架构设置是否合理,管理体系文件和各项管理程序是否符合要求,职责是否明确,各项资源保障,包括硬件设施、设备和人员的配置是否能满足实验室生物安全的管理要求等进行评估;也可以是对某个行业或区域的评估。这里重点介绍的是实验室开展实验活动的风险评估。

(1)目的。

风险评估的主要目的是识别出整个实验活动过程中的风险点,通过识别、分析、评价,提出风险控制措施,把活动的风险控制在可以接受的水平。

(2)策略。

风险控制的策略主要包括:

①消除。

首先应考虑通过替代材料、改变流程等方法消除风险。

②减少。

对不可消除的风险,可采用降低使用量、减少实验次数和使用次数等方法降低其发生概率及危害性。

③隔离。

通过时间和空间的隔离,避免与人和环境的接触,如生物安全柜、高等级防护实验室等。

④保留。

风险导致的后果不严重或可控制,但又不能消除时,可以考虑保留风险。

⑤转移。

将风险从关键或重要部位,转移到次要、非关键部位,如实验室选址、布局的位置远离人员多的地方等。

⑥控制。

通过管理、硬件设施、技术措施等来控制风险的发生和危害程度,如通过培训、演练、审批流程、准入制度、规范操作和实验室设施建设等。

(3)风险评估的重点。

风险评估的重点主要是高致病性病原微生物,基因编辑和修饰,新方法、新技术和新上岗人员等,尤其要关注未知风险(如新发传染病病原、基因编辑和修饰等)和次生风险,以及风险叠加效应。当然,主观恶意风险也不可能忽略。

(4)风险评估的原则。

风险评估的基本原则:①要求事前评估,就是在开展实验活动前先进行评估。②主动识别,是指在开展实验活动前对要开展的实验活动可能存在的风险进行主动识别,而不是等到出了问题再回头去进行风险评估。③动态评估,是指风险评估得出的结论不是一成不变的,而是要根据情况的变化适时进行再评估。④结合实际,是指风险评估要求务必结合各实验室自身的实际情况,如实验室规模、实验活动的复杂程度、涉及实验材料的风险大小等进行评估和提出风险控制措施。⑤全过程评估,就是对实验活动的整个过程每个环节进行评估。⑥全覆盖评估,就是应对实验室所有实验活动项目进行评估。

（5）风险评估的基本流程。

风险评估过程主要是由风险识别、风险分析和风险评价构成的一个完整过程。

（6）风险的应对。

风险应对是选择并执行一种或多种改变风险的措施，包括改变风险事件发生的可能性或后果的措施。

风险应对措施的制定和风险评估是一个递进的过程，应重点关注剩余风险和次生风险以及叠加风险，评价剩余风险是否能够承受，如果不能承受，则应进一步调整或改进新的应对措施，直至达到风险能够承受的水平。

我们在选择风险应对措施时要考虑法律、环保和社会责任，同时选择综合性的策略和应对措施，相互组合使用，还应考虑风险控制措施实施效益和成本，利益相关者的诉求等因素。

由此可见，风险应对是建立在风险识别、风险评价的基础上的，应对的措施务必要求具有科学性、针对性、可实施性和有效性，并根据风险源的特性各自采取有效的控制措施。

（7）风险评估报告。

实验室设立单位每年应定期组织开展实验活动风险评估活动，评估由管理人员、各相关专业技术人员及实验操作人员等一同参与完成，必要时可以邀请上级单位或省外专家等参与评估，最终形成风险评估报告，得出风险评估结论，经单位生物安全委员会审核后由单位法人批准后实施。

7.实验室废物管理

对各类实验废物严格按照《医疗废物管理条例》等要求，根据分类集中，以无害化原则进行收集、储存和处置，交由具备处置资质的机构统一处理，同时完善相关设施，指定专人负责，规范交接手续和记录，确保安全管理。

三、加强培训，提高安全意识

培训是一项基础性、长期性和日常性的工作，通过对各类、各层次人员的培训，可以使参与培训人员提升能力、增强安全和责任意识，促进安全措施的落实。

1.主要培训对象

培训对象主要包括主管部门的分管领导、管理人员和单位负责人,以及实验室负责人、实验人员和实验辅助人员等。

2.培训主要内容

培训内容主要包括相关法律法规、国家标准、国内外实验室生物安全发展动态、管理要求、生物安全事件和事故的应急处置、岗位准入培训等。技术层面的培训主要包括管理体系、菌(毒)种和生物样本管理、设施设备管理、防护知识、操作规范、消毒技术、废物处置等。

3.培训的评价与培训效果考核

实验室生物安全管理部门和实验室设立单位应定期对培训工作进行评价和对培训效果进行考核,不断提升培训效果,特别应重视重点人群、重点单位的培训,组织一些专题性和个性化的培训,实现培训效果最大化。

四、加强队伍建设,提升管理能力

实验室生物安全管理是一项专业性强、涉及多种专业领域的技术工作,更是一项战略性和长期性的工作,所以队伍建设和人才培养十分重要,具有战略意义,应从顶层重视生物安全专业技术人才队伍的建设和培养,为占领生物安全战略制高点提供强有力的人才队伍保障。

五、加快技术储备,增强应急处置能力

经过SARS、禽流感、埃博拉和新型冠状病毒肺炎等重大传染病的考验,我国应对传染病疫情的总体能力有了很大提升,但是在生物安全事件处置方面需要有更扎实的技术储备、物资储备和防护装备,要重视对相关重大生物安全事故处置能力的建设,做到有备无患。

六、加大研发力度,激发创新活力

实验室生物安全同样涉及多专业、多部门和多领域,需要各行业通力合

作,加大相关基础研究,促进诊断制剂、应用技术研发,进行管理创新,利用互联网加和云技术,助力实验室生物安全管理和建设,提升实验室生物安全管理效能和水平。

七、加大执法力度,筑牢生物安全防线

根据《生物安全法》,相关部门应依法行政,履行监管责任,加大对违法行为的监管和查处,筑起一道牢固的生物安全防线,确保实验室生物安全。

(翁景清、杨再峰、张琪峰)

参考文献:

[1]郑涛,黄培堂,沈倍奋.当前国际生物安全形势与展望[J].军事医学,2012,36(10):721-724.

[2]武桂珍,王健伟.实验室生物安全手册[M].北京:人民卫生出版社,2020.

[3]武桂珍.高致病性病原微生物危害评估指南[M].北京:北京大学医学出版社,2008.

[4]中国合格评定国家认可中心.生物安全实验室认可与管理基础知识风险评估技术指南[M].北京:中国标准出版社,2012.

[5]顾华,翁景清.实验室生物安全管理实践[M].北京:人民卫生出版社,2020.

[6]曹启峰,蒋健敏.二级生物安全实验室管理体系文件编制实用手册[M].杭州:浙江人民出版社,2014.

第六章　生物资源和人类遗传资源

第一节　现状

《生物安全法》中提出,国家加强对我国人类遗传资源和生物资源采集、保藏、利用、对外提供等活动的管理和监督,保障人类遗传资源和生物资源安全。国家对我国人类遗传资源和生物资源享有主权。

生物资源是我们建立人类文明的支柱。地球上所有的生物资源,包括动物、植物、微生物,是40亿年来自然进化的结果,在生物资源所形成的过程当中,各自成为其他生命形式存在的基础。生物资源是自然资源的一种,对人类的生存与繁衍及社会的发展和进步起着重要的作用。生物资源不同于其他自然资源,有其自身的特殊性,具有不断更新和可以人为繁殖扩大的特性。基于这一特性,我们要想更好地研究和利用生物资源,首先必须保护生物资源自身不断更新的能力,从而才能达到长期研究和利用的目的。

人类遗传资源是指含有人体基因组、基因及其产物的器官、组织、细胞、血液、制备物、重组脱氧核糖核酸(DNA)构建体等遗传资料及相关的信息资料。

《生物安全法》中提出,境外组织、个人及其设立或实际控制的机构不得在我国境内采集、保藏我国人类遗传资源,不得向境外提供我国人类遗传资源。

现阶段,由于采集个人基因组数据难度逐渐降低,导致监管难度不断增加。以科研、制药等名义进行的基因组数据采集难以监管,尤其要防范来自

境外单位的对本国人类遗传资源的采集与掠夺。2017年10月30日,俄罗斯总统普京在其谈话当中提到,当前发现有刻意采集俄罗斯人的生物资料的行为。针对这种现象,先前已经有俄专家呼吁,基因安全是关乎民族生存的大计,必须防备不法分子通过基因采集来制造基因武器。与此同时,全世界的研究者都可以从公开的人类基因组数据库和科学文献数据中获得人类生物数据,可以通过发现特定人群基因组特征与病毒感染之间的关系,进行设计和改造病毒,增加对特定人群的感染特异性。因此,保护生物资源与人类遗传资源,就是保护我们赖以生存的环境,保护我们自己。

第二节　生物资源(动物、植物、微生物)

人类自身数量不断增长,为了满足对衣、食、住、行各方面的物质需求,在生物科学及农业科学研究领域中,创造培育抗病虫、抗不良环境的高产稳产优质动植物品种显得十分重要。同样,微生物资源是国家重要的生物资源,对于微生物多样性的研究成果已经应用于生命起源的探索,环境的保护治理,新型抗生素的筛选等多种领域。为了实现这一目标,合理开发利用、收集保存、整理研究动植物以及微生物资源也就越来越受到重视。

瑞典植物学家林奈最早对生物进行分类,并把生物分为动物界、植物界两大界,从此动植物学研究进入了崭新的时期。动植物资源在其不断进化发展过程中为人类文明的发展做出了巨大的贡献,目前在林业、畜牧、水产、公共卫生、医药、食品等领域为人类自身发展、生态文明建设以及生产实践提供了赖以生存的生命支撑。

我国地域辽阔,从热带至寒温带,气候多样,地理环境与生态系统类型复杂,是世界上生物多样性最丰富的国家之一。正因为我国动植物资源丰富,开发、利用动植物资源,挽救濒危动植物等问题亟须突破。与此同时,污染加剧、环境恶化、物种入侵等环境及生态问题层出不穷。我们正面临着新的挑战,保护全球生物多样性已成为当今世界各国的首要任务。如何协调动植物资源开发与生物多样性保护,实现动植物资源的可持续利用,是当今生物资源及多样性保护研究的重要议题。

　　不同于动植物资源的广为人知,微生物广泛分布于我们生存的环境甚至于极端环境中,对于大众来说,除了疾病和腐败外,对微生物几乎一无所知。微生物的多样性,其表现形式包括物种多样性、分布广泛性和生境复杂性。分布广泛性和生境多样性是微生物最显著的特点之一。微生物通常分为三大类:细菌、古菌和真核生物。基于35000个样地的高通量分子数据,通过相似律结合对数正态模型预测全球微生物大概有10^{12}种,但目前只有0.001%的种类被鉴定。可以说,凡有高等动植物生活的地方,必定有微生物的存在,而高等动植物不能生存的严酷环境,也有微生物的存在。微生物可生存于各种生境如土壤、森林、草原、水域、空气,以及极端环境包括极端温度、极端酸碱度、高盐(高渗)环境、高压环境。正是微生物所具有的这些极端特性,储备了非常多宝贵的基因资源,引起了人们极大的研究兴趣。

　　据统计表明,被人类认识的微生物物种数量远不及动植物多,不会超过实际存在种数的10%,其中得到利用的大概不到1%。因为检测限的制约,使得稀有微生物多样性的检测受到了极大的挑战。目前,我国已经报道的真核微生物有1万多种。因微生物自身的特点,自然界中还有很多的微生物尚未被发现,所以说微生物资源是亟待开发、研究与利用的资源宝库。

　　病原微生物,是微生物的重要组成部分,作为国家重要的生物资源与战略资源,与生物安全、人类健康、环境保护等密切相关。病原微生物,尤其人间传染的病原微生物是能够引起人类各种疾病的致病微生物,是传染病防治研究的重要基础材料和基本信息来源,是掌握我国重大传染病的过去、现在及未来发展趋势的重要载体,也是评价疾病防治措施效果的基础和前提,在诸如诊断试剂的制备,疫苗的生产,新发与再发传染病(病原微生物)的研究,病原微生物致病机制的研究,标准化诊断方法和技术的建立,抗感染免疫的基础理论及应用的研究,药物敏感性实验及抗感染药物的研制与开发中均具有重要作用。因此,病原微生物资源的保护及保藏意义极其深远。

　　包含动物、植物、微生物的生物资源是国家重要资源,要进一步开发、研

究和利用,必须先做好资源的有效保护,平衡保护与开发利用的关系,才能做好可持续发展。

第三节　人类遗传资源

《中华人民共和国人类遗传资源管理条例》已经于2019年3月20日国务院第41次常务会议通过并于2019年5月28日公布,自2019年7月1日起施行。该条例的颁布与实施,为有效保护和合理利用我国人类遗传资源,维护公众健康、国家安全和社会公共利益提供了重要法律依据。

人类遗传资源包括人类遗传资源材料和人类遗传资源信息。人类遗传资源材料,是指含有人体基因组、基因等遗传物质的器官、组织、细胞等遗传材料,人类遗传资源信息是指利用人类遗传资源材料产生的数据等信息资料。

基因是生物遗传信息的结构与功能单位,它可以是一段DNA分子,也可以是一段RNA分子。一个物种全部遗传信息的总和称为基因组,既可以是一整套染色体(即单倍体全部染色体),也可以是其中的全部核酸。人类基因组包括人体24条染色体DNA中的全部遗传信息。国际"人类基因组计划"是1980年代末由美国首先倡议发起的。1987年,美国将这一计划正式列入国家预算,由国立卫生研究院和能源部进行协调,并定于1990年10月正式启动这项耗资30亿美元、需时15年的计划。随后,英国也开展了相应的研究工作。日本也将人类基因组研究列入"日本人体前沿科学计划",成立了跨国的人类基因组计划组织。中国于1999年9月参与其中,承担了1%的任务,即3号染色体短臂上约3000万碱基对的测序任务。最终参与和完成计划的国家是美国、英国、法国、德国、日本和中国,中国是唯一参与该计划的发展中国家。

我国丰富的人类遗传资源是我国重点保护的对象,也是国外一些利益追逐者觊觎和窃取的对象。我国是一个多民族人口大国,拥有14亿人口,人口总数占全球总人口数的比例将近20%。正是基于我国多民族、多人口的特征,我国人类遗传资源相较其他大部分国家更为丰富,这也有助于研究者更好地对人类进化、基因多样性以及致病基因进行深入研究。同时,我国也是生物数据输出大国,我国大量人类遗传资源样本、数据流失至外国数据中心、外国生物实验室,产生潜在生物威胁。

《生物安全法》中明确提出,境外组织、个人及其设立或实际控制的机构获取和利用我国生物资源,应当依法取得批准;利用我国生物资源开展国际科学研究合作,应当依法取得批准。

一直以来,发达国家都非常重视人类遗传资源,投入大量人力、物力、财力开展遗传资源的收集,除了保护和利用本国遗传资源外,还通过出资购买、合作研究,甚至非法获取等方式,大量收集发展中国家的人类遗传资源。利用已经收集到的人类遗传资源开展研究,开发出新技术、新药或其他生物制品,通过各种方式,将成果以专利或产品的形式,再向发展中国家高价销售,垄断行业,获取高额利润。

为有效保护和合理利用我国人类遗传资源,1998年,国务院办公厅颁布了《人类遗传资源管理暂行办法》。2011年、2013年科技部先后发布了《关于加强人类遗传资源保护管理工作的通知》《关于进一步加强人类遗传资源管理工作的通知》。2015年,科技部发布了《人类遗传资源采集、收集、买卖、出口、出境审批行政许可事项服务指南》。同年,又发布了《关于实施人类遗传资源采集、收集、买卖、出口、出境行政许可的通知》。2017年,科技部发布了《关于优化人类遗传资源行政审批流程的通知》。在"基因编辑婴儿"事件发生后,司法部会同科技部对《中华人民共和国人类遗传资源管理条例(送审稿)》(以下简称《条例》)做了进一步修改完善,条例于2019年7月1日正式实施。

《条例》的主要内容界定了中国人类遗传资源概念,明确规定不得使中国人类遗传资源外流,对资源的采集提出了更高要求,对保藏提出了具体条件和报告制度,对相关药品和医疗器械上市许可、临床试验有专门规定,对遗传资源出境有具体规定,对评审提出时间限制,依照法律提出处罚,尤其对从事人类遗传资源相关活动的伦理和知情同意强化了要求。《条例》的发布,终于为中国人类遗传资源管理提供了重要法律依据。

第四节 应对措施

生物资源与人类遗传资源是生物安全的重要组成部分,也是一把双刃剑,在给人类生产生活、生命健康带来巨大收益的同时,其生物风险与生物威胁同样存在。其科学管理、研究利用、惠益共享,一直是世界性重要议题。

2018年9月18日,美国的《国家生物防御战略》正式发布,这是美国首个全面解决各种生物威胁的系统性战略,该文件由美国国防部、卫生和人类服务部、国土安全部以及农业部共同起草,并负责具体计划的落实。在这一战略当中,详细提及美国应当采取何种措施发现、评估,以及预防可能出现的生物威胁,并且积极号召工业界、非政府组织,以及学术界等的参与,以实现共同防御生物威胁。具体来说,国家生物安全防御的基本目标有:(1)强化风险意识,提升民众对于生物威胁的认知度;(2)确保生物防御单位能力,尽可能避免此威胁的产生;(3)确保生物防御单位,降低生物威胁发生概率;(4)迅速响应,以限制生物事件的影响;(5)促进恢复,以消除生物事故发生后对社会、经济和环境的不利影响。

2018年7月30日,英国政府发布《英国国家生物安全战略》,该战略首次汇总英国政府为保护英国及其利益免受重大生物风险影响所需开展的工作。由英国环境、食品和农村事务部,卫生和社会福利部以及内政部联合发布。此项战略系英国政府就与英国国家利益相关的生物威胁进行战略规划,首次进行跨部门合作。此项战略反映英国对不断演化的生物威胁的认知,及英国如何把握机会提升自身能力,以规避和应对生物威胁。该战略阐述英国对生物威胁的应对策略,主要包括四项支柱性措施:(1)理解。了解当前和未来面临的生物风险。(2)预防。在生物风险产生时或尚未威胁到英国利益时,即采取措施进行预防。(3)检测。在生物风险发生时,尽早、尽可能形成可靠的报告。(4)响应。在生物风险危害英国利益时,减少其影响,并迅速恢复常态。两项基础性措施:(1)政府的所有应对措施必须在正确的科学基础设施和能力支撑与指导下进行;(2)英国必须在利用任何生物领域所产生的发展机遇的同时,考虑其可能带来的生物风险。

中国的生物安全管理起步相对较晚。近年来,越来越受到关注与重视,在生物资源与人类遗传领域,国家相继出台了一系列法律法规与配套文件支撑,让我国的生物安全管理有法可依。具体涉及的应对措施,可以从以下几个方面开展:(1)加强相关法律法规贯彻落实,开展培训,宣贯指导,提高从业人员法律意识;(2)在相应法律法规的基础上,根据不同行业需求制定配套的实施细则、具体要求以及技术标准予以支撑,提高行业水平;(3)加强建设生物资源与人类遗传资源数据信息管理系统,配合各地生物样本库等资源实物库向信息化、智慧化管理转型;(4)加强知情同意与伦理审查,完善资源惠益共享机制,切实保护资源提供者利益;(5)从根源提高从业人员福利待遇以及研究成果奖励,激励从业人员积极进取。

动物、植物、微生物与人类遗传资源,从广义上来讲,均属于生物资源,其研究、发展与利用和人类息息相关。人类繁衍生息离不开生物资源,同样,人类也影响着生物资源的发展。只有对资源进行有效保护与安全管理,才能更好地对资源进行研究、开发与利用,为人类发挥更大的正向作用。资源的保藏是资源保护的重要形式,保藏机构与生物样本库是资源保藏的重要载体,是具体实施资源保藏与管理工作的权威、专业部门。生物资源研究与管理任重道远,仍然需要科技工作者、管理专家共同努力,促进我国在这一领域达到、保持并超越国际先进水平。

(姜孟楠、魏强)

参考文献:

[1]国务院办公厅.人类遗传资源管理暂行办法[J].新法规月刊,1998,10:22-24.

[2]雷小三.基因组数据的隐私保护技术研究[D].西安:西安电子科技大学,2014:35-38.

[3]史锦浩,黎爱军.人类遗传资源管理与生物安全现状[J].解放军医院管理杂志,2019,26(8):712-714.

[4]PACE N R.A molecular view of microbial diversity and the biosphere[J].Science,1997,276:734-740.

[5]ELLIS R J,MORGAN P,WEIGHTMAN A J,etal.cultivation-dependent and independent approaches for determining bacterial diversity in heavy-metal-contaminated soil[J].Applied and environmental microbiology,2003,69:3223-3230.

[6]MANEFIELD M,WHITELEY A S,GRIFFITHS R I,etal.RNA stable isotope probing,a novel means of linking microbial community function to phylogeny[J].Applied and environmental microbiology,2002,68:5367-5373.

[7]艾合麦提·萨木萨克.浅谈我国动物学研究现状及趋势[J].畜牧业,2021,32(1):55-56.

[8]WOESE C R,KANDLER O,WHEELIS M L.Towards a natural system of organisms:proposal for the domains Archaea,Bacteria,and Eucarya.Proceedings of the National Academy of sciences of United States of America,1990,87:4576-4579.

[9]吴波,冯凯,职晓阳,等.环境微生物组多样性及功能研究进展[J].中山大学学报(自然科学版),2017,56(5):1-11.

[10]郭良栋.中国微生物物种多样性研究进展[J].生物多样性,2012,20(5):572-580.

[11]LOCEY K J,LENNON J T.Scaling laws predict global microbial diversity[J].Proceedings of the National Academy of Sciences of United States of America,2016,113(21):5970-5975.

[12]程东升.资源微生物[M].哈尔滨:东北林业大学出版社,1995.

[13]HAEGEMAN B,HAMELIN J,MORIARTY J,etal.Robust estimation of microbial diversity in theory and inpractice[J].The ISME Journal,2013,7(6):1092-1101.

[14]魏强,武桂珍,侯培森.医学病原微生物菌(毒)种的保藏管理[J].中华预防医学杂志,2009,43(4),331-332.

[15]国务院.中华人民共和国人类遗传资源管理条例[EB/OL].[2018-10-11].http://www.gov.cn/zhengce/content/2019-06/10/content_5398829.htm.

[16]褚嘉祐.中国人类遗传资源的研究和管理[J].科学,2020,72(2):5-10.

[17]徐慈根.人类遗传资源的开发与争夺[J].中学生物学,2005,21(6):2-5.

[18]陈竺.中国与人类基因组计划[J].抗癌,2002(4):40.

[19]科技部办公厅.关于实施人类遗传资源采集、收集、买卖、出口、出境行政许可的通知[EB/OL].(2015-09-30)[2020-10-11].

http://www.most.gov.cn/xxgk/xinxifenlei/fdzdgknr/fgzc/gfxwj/gfxwj2015/201509/t20150930_121850.html.

[20]科技部办公厅.关于优化人类遗传资源行政审批流程的通知[EB/OL].(2017-10-20)[2020-10-11].http://www.most.gov.cn/xxgk/xinxifenlei/fdzdgknr/qtwj/qtwj2017/201710/t20171027_135781.html.

[21]中华人民共和国科学技术部.美国首次发布《国家生物防御战略》[EB/OL].(2018-09-18)[2018-10-11].http://www.most.gov.cn/gnwkjdt/201810/t20181011-142071.htm.

[22]Policy paper. Biological security strategy[EB/OL].(2018-07-30)[2018-10-11].https://www.gov.uk/government/publications/biological-security-strategy.

第七章　生物入侵与生物多样性

第一节　现状

进入20世纪以来,国际社会及我国生物安全形势更趋复杂,世界范围内的生物多样性丧失、外来生物入侵、农作物病虫害等生物安全问题造成严重危害,传染病暴发、生物实验室监管欠缺、生物技术谬用等新的生物安全问题不断涌现。早在1992年,联合国环境与发展大会就签署了《21世纪议程》和《生物多样性公约》,最先提出生物多样性问题。进入21世纪以来,随着人口的快速增长和工业化、城市化进程的加速,我国面临的生物多样性问题更加突出,野生生物濒危,生物种群数量急剧下降,环境污染物使生物丧失生存和繁衍的能力等问题突出;生物入侵形势严峻,入侵生物种类多、危害重、潜在威胁大。

一、生物入侵概念和定义

生物入侵是指生物由原生存地经自然的或人为的途径,侵入到另一个新环境,对入侵地的生物多样性、农林牧渔业生产和人类健康造成经济损失或生态灾难的过程。对于一个特定的生态系统或者生境来说,任何非本地的生物都叫作外来物种,是指物种出现在它正常的自然分布范围之外的一个相对概念。外来入侵物种是指对生态系统、生境、物种、人类健康带来威胁的外来物种,包括植物、动物和微生物。因此,生物入侵的过程包括三层含义:第一,物种是外来的,不是本国或本区域的;第二,这个外来物种能够在入侵地的自然或人工生态系统中定居、自行繁殖和扩散;第三,导致危害,明显影响当地的生态环境,损害当地生物多样性、农林牧渔业生产或人类健康。对外来入侵物种的界定,在空间尺度上,通常以国土为疆界,起源于国外的物种才算作入侵物种;在时间尺度上,则通常指最近数十年内传入的有害生物。

二、生物入侵现状

外来生物入侵被全世界公认为是新千年最严重的生态和经济威胁之一。外来植物造成了农作物、草原和牧场的减产,破坏了许多自然陆地生态系统。另外,外来植物阻塞水道改变淡水和海洋生态系统的功能。如今,这些植物中的许多物种已经通过立法被列为有害杂草。外来动物也在改变陆生、淡水和海洋生态系统的生物群落结构,致使许多土著物种濒临灭绝。外来病原体正在感染农作物、家畜、鱼类、狩猎动物、用材树种、园艺植物等。同时,外来病原体及其携带者正越来越多地对人类健康构成新的威胁。从世界范围来看,由人类引入到新的地理分布区的物种总数可能已达50万种。入侵种直接或间接地造成巨大的经济损失。就全球而论,世界的农业损失每年高达2480亿美元。此外,外来种对入侵地造成的直接损失还包括对渔业、航运业、工业造成的危害。其他的损失还包括在对抗外来种过程中采取的防治措施对当地动植物造成的破坏。同时,外来种入侵使一些自然生态系统独特的美学价值降低,娱乐功能丧失。尽管人们对上述问题的认识不断增加,并且付出了越来越多的努力来防范,但是外来种造成的生物入侵肯定会持续下去。大量的入侵事件可能是由日益增长的国际贸易和旅游业所造成的。不断增长的国内贸易和交通,包括通过互联网进行的生物体交换,意味着外来种在国内的扩张也将十分惊人。

目前,入侵我国的外来有害生物多达500多种,其中大面积增长、危害严重的达100多种,每年给我国造成的经济损失高达数千亿元,其中农业和林业的损失达500亿元以上,对我国的生物种群结构、水土流失控制、土壤营养循

环、生物多样性保护造成了严重影响。近年来,入侵我国的外来生物呈现出数量增多、频率加快、蔓延范围扩大、发生危害加剧、经济损失加重的趋势,对我国社会经济、生态环境的危害日益严重,已危及到本地物种特别是珍稀濒危物种的生存,造成了生物多样性的丧失,破坏了自然景观的自然性和完整性,并已影响到了生态安全和农业生产,也正威胁着人民群众的身体健康。

三、入侵生物的危害

1.危害生态系统,破坏生物多样性

外来生物入侵直接威胁我国的生态安全,在一些地区甚至造成生态灾难。像紫茎泽兰这种恶性杂草,因其传播速度快、生长能力强和繁殖率特高等特点,能很快在入侵地形成单一优势种群,抑制其他植物生长,使原有植物衰退和消失,造成当地生态系统的生物多样性变得单一,形成一草"独霸天下"的态势。

2.导致草场退化,畜牧业受损

资料显示,天然草场被紫茎泽兰入侵3年后覆盖程度可达90%以上,草场迅速退化,牧草几乎消失。1996年,因紫茎泽兰的大肆入侵,曾使四川凉山州53万公顷优良草场变成了"恶草王国",减产6万多只羊,畜牧业损失2000多万元。

3.导致农林业减产歉收

紫茎泽兰与庄稼争水、争肥、争光,入侵田边地埂120天后,土壤中的速效氮、磷、钾分别下降56%~96%、46%~53%、6%~33%。据专家估算,全国每年因外来生物入侵给农业带来的损失占粮食产量的10%~15%,棉花产量的15%~20%,水果蔬菜产量的20%~30%,还可使幼树衰弱甚至死亡,推迟经济林投产,降低效益。

4.导致环境污染

如水葫芦,无性繁殖能力强,可以迅速扩大种群。一旦数量超过打捞能力和利用需要,多余的便会腐烂变质,使水体丧失使用功能。比如滇池的水葫芦疯长成灾,布满水面,严重破坏水生生态系统的结构和功能,已导致大量水生动植物死亡。水葫芦的疯长还会造成河道堵塞,影响河道运行。

5.危害人兽健康,威胁人类安全

紫茎泽兰的种子和花粉,能使马羊等牲畜患上哮喘病,会引起牲畜组织坏死和死亡。用紫茎泽兰的茎叶下田作沤肥,可使人的手脚过敏发炎。

四、生物入侵后适应扩张的策略

外来种到达新地域后,表现出多样的进化适应。每个物种都具有特殊的遗传变异式样以影响其进化潜力。在有些情况下,由于奠基种群中只有少数个体,变异水平非常有限。在最初的小种群中,遗传瓶颈可能降低遗传漂变的变异水平。新种群的遗传组成可能是源种群遗传变异的一个有偏抽样,即所谓的奠基者效应。在许多案例中,进化响应可能因遗传变异缺乏而受到限制。另一方面,许多入侵者,尤其是那些处于演替早期阶段或干扰生境中的物种,可能具有高水平的表型适应性和遗传适应性。农田杂草和节肢动物害虫的奠基种群可能个体众多并携带了其源种群的大量变异。人们很早就认识到这些物种具有演化出适应当地条件的新品系的潜力。货船的压舱水可能携带大量具有高水平遗传变异的水生生物。还有许多其他外来种,尤其是植物,被有意地大量引种,从多个源种群的多次引种保证了其高水平的遗传变异性。外来种也可能在到达新地区后获得遗传变异。例如,许多杂草性植物能和近缘的农作物杂交,这种杂交为遗传变异提供了新来源,包括那些由遗传工程引入农作物中的转基因。此外,彼此之间曾经存在地理隔离的物种被引入到新地区或者被引入到有当地近缘种的新地区后,可能产生复杂的杂交形式。外来动植物物种的遗传组成越来越受多次引种事件的影响,来自原产地不同区域的遗传品系被引入同一引入地,这些品系之间的杂交可能表现出比原产地单个遗传品系更高的遗传变异性。

总体来说,快速进化将非常有利于外来种入侵到一个新地域后的种群增长。入侵者在新地区的成功扩张往往是因为能适应其遇到的新生境。散布能力强的物种可能会使一些种群因为不适应新的生境而无法成功定居。然而,在同一地区内,扩张缓慢的种群可能通过进化适应来成功定居。

五、入侵生物的双重潜能

许多生物学家指出,从短期来看,考虑到外来种在土著种灭绝过程中的作用,世界性的外来种扩张正在导致地球生物区系趋向均一化,在某种意义上创造了一个"新的泛大陆(New Pangaea)"。然而,外来种的扩张有一个经常被忽略的结果,即独立进化的新种群在不同地域的定居。从长远来看,这些种群的趋异和物种形成在某种程度上将抵消短期时间尺度上的物种灭绝。我们发现外来种及其相互作用的当地种的进化式样既快速又多样,往往令人吃惊。通过杂交和趋异进化,新的物种正在形成。许多情况下,扩张到新分布区的物种,其进化式样涉及多个适应性状和多个基因。在竞争水平低、种群快速增长的潜力很高的地区,物种进化的能力是相当可观的。在这些情况下,生物或物理环境形成强大的定向选择压力造成快速遗传变化。因此,外来种入侵具备双重潜能:短期内是造成物种灭绝的威胁,大的时间尺度上却是新物种形成的希望。

第二节　入侵动植物

一、入侵植物

生物入侵已经成为威胁我国本土生物多样性与生态环境的重要因素之一,而且随着全球经济、国际贸易、旅游业以及交通运输业的快速发展和增长而不断加剧。据报道,我国外来入侵生物有667种,每年给我国造成的总经济损失高达1000亿元。对入侵物种种类、分布及其生物属性等进行调查研究是制定入侵物种防治和管理措施的基础。我国外来入侵物种以植物种类最多,有368种,入侵植物不仅会改变当地生态系统和景观,导致生物多样性下降,对当地农林牧渔及相关产业造成严重影响,甚至会危害人类健康和社会经济发展。

1.入侵植物种类组成

对入侵植物种类在各区域的分布进行统计,较多入侵植物隶属的科有菊科(Asteraceae)、豆科(Leguminosae)、禾本科(Gramineae)、苋科(Amaranthaceae)、茄科(Solanaceae)、旋花科(Convolvulaceae)、大戟科(Euphorbiaceae)、十字花科(Cruciferae)、柳叶菜科(Onagraceae)、车前科(Plantaginaceae)、唇形科(Lamiaceae)和锦葵科(Malvaceae)等,其中种类最多的3个科分别是菊科、豆科及禾本科,生活型主要是草本植物,其中一/二年生草本最多,其后依次是多年生草本、藤本植物、亚灌木和灌木。(见表7-1)

表7-1　入侵植物频率较高的物种

序号	种名	拉丁名	科名
1	小飞蓬	*Conyza canadensis*	菊科
2	一年蓬	*Erigeron annuus*	菊科
3	鬼针草	*Bidens pilosa*	菊科
4	空心莲子草	*Alternanthera philoxeroides*	苋科
5	反枝苋	*Amaranthus retroflexus*	苋科
6	圆叶牵牛	*Pharbitis purpurea*	旋花科
7	刺苋	*Amaranthus spinosus*	苋科
8	凤眼蓝	*Eichhornia crassipes*	雨久花科
9	土荆芥	*Chenopodium ambrosioides*	藜科
10	野胡萝卜	*Daucus carota*	伞形科
11	香铃草	*Hibiscus trionum*	锦葵科

2.入侵植物的原产地及侵入的生态系统

从入侵植物的原产地来看,原产于美洲的种类最多,其次是原产于欧洲、亚洲和非洲的入侵植物。纵观全国,外来物种侵入的生态系统复杂多样,目前遍布于农田、果园、牧场、城市、路域、草地、林地、湿地、淡水等陆地和水域生态系统,其中入侵路域生态系统的外来物种数最多,这表明发达的交通运输网会促进物种的入侵和扩散;其次为农田生态系统,外来物种对农田生态系统的侵入势必会对粮食生产造成不利影响。值得注意的是,淡水生态系统

(河流、湖泊、池塘等)中的入侵动植物已高达64种,这对于一定流域的淡水供应有极大的安全隐患。

3.入侵植物对生物多样性的影响

外来植物在入侵地大量的繁殖和疯狂的扩张,不但占据空生态位,而且会通过竞争挤占本土物种的生态位,导致本地种生活习性、生长繁殖、种群动态发生改变,甚至引起本地物种的灭绝,进而引发连锁性灭绝效应,降低生物多样性。例如,互花米草被引入黄河三角洲后快速扩繁,其密布区几乎已无其他本土植物存活,而仅存互花米草单一群落。此外,互花米草导致滩涂地栖息环境发生变化,使得土著物种如盐地碱蓬和芦苇开始向陆地迁移,而这又会影响以本土植物群落为食或作为栖息地的微生物种群、昆虫种群、大型游泳动物和鸟类等的多样性和丰富度,使得生物多样性显著降低。有研究表明,入侵种如牛膝菊、紫茎泽兰所入侵生境的植物多样性指数有显著或极显著的下降,明显降低其分布区的植物多样性。在遗传多样性层面,入侵种在繁殖扩散的过程中,一方面使本地物种的生境片段化、破碎化,导致种群之间的基因流降低、发生遗传漂变等,本地种的遗传多样性下降;另一方面,入侵种会与本地种进行杂交,导致基因渗透,而后通过远交衰退、遗传同化、杂种优势、杂合不育、基因污染等手段,使本地种的许多珍贵基因流失、遗传多样性降低,甚至导致本地种群的消失。

4.入侵植物对群落生态系统的影响

外来物种的暴发还会引起入侵地生境的极大改变,导致本土生物不再适宜生存,造成环境恶化,破坏生态系统的结构和功能,严重影响群落生态系统的稳定性。例如,作为饲料引入中国的凤眼蓝,目前广泛分布于黄河流域,其以较强的繁殖能力和逆境适应能力,可以快速扩繁甚至覆盖整个池塘、湖泊等水生生境,从而形成致密的草垫,遮挡了光线,并过度消耗水体内氧气和养分,增强了水体的酸性,改变了水体的理化性质,从而严重影响水体中的其他植物和动物的生存,而动植物的大量死亡又为病原体的滋生提供了适宜场所,从而使得水质恶化,水生生态系统彻底失衡。在裸地中,根据演替规律,最先生长起来的为草本植物群落。若是草本入侵物种,则利用其自身化感等优势迅速建群形成优势群落。若是藤本入侵植物,则直接覆盖裸地和草本群落,使得入侵植物覆盖范围内的土壤种子得不到足够的阳光,从而萌发受到影响,进而影响到裸地中植物的生长发育与群落构建。因此入侵植物影响了演替早期草本群落的形成和各类种子资源萌发。在初级植被生态系统中,群落内各个种群处于上升阶段,相互竞争获得资源,形成属于自己的生态位。入侵植物的介入,改变了种间关系,打破了群落的生态平衡。大量物种及其构件在与入侵植物竞争中失去机会而衰退甚至消亡,直接影响自然资源的实物存量和结构。乔木林地变灌木林地、灌木林地变草地、草地退化为裸地等,从而改变入侵地的群落结构。例如,薇甘菊可通过攀缘覆盖式生长,在乔灌木的树冠上形成遮蔽,使得乔灌木无法获取足够的阳光而逐渐枯死,甚至可以使林地成片消失,使依赖该群落生存繁衍的动物失去栖息地。在2006年,深圳尚未开始薇甘菊的规模化整治时,深圳内伶仃岛50%的区域已被薇甘菊覆盖,导致大量树木枯死,岛上猕猴的生存也因此受到严重威胁。在成熟的植被生态系统中,入侵植物与群落及群落内的物种竞争光合资源。研究表明,入侵植物在成熟群落中展开资源争夺,但“并未能在激烈的竞争中讨得好处而败下阵来”,为此入侵植物生长的速度受到抑制,无法形成入侵,只能在局部生境中有限度地对部分植物的构件产生影响,对群落整体的自然资源资产影响不大。

5.入侵植物对城市景观的影响

生物入侵除了会改变入侵地的群落组成和结构之外,更加直观的变化就是会导致入侵地生态景观的消极变化,比如直接破坏生态系统景观的自然性和完整性,导致原本观赏价值极高的自然景观失去原本的吸引力。而且城市景观本来就具有不稳定性、开放性、破碎性及脆弱性等特点,受人为干扰严重;再者,不科学的城市绿化、栽培植物引种,使得城市景观的生物入侵风险较高。例如引进的绿化植物光荚含羞草,因生长繁殖迅速、排挤其他物种,稍不注意便容易形成单一优势群落,并迅速扩散,加大了城市景观的管理难度。除此之外,在城市道路、农田、果园、河流等边界处,常见泛滥成片的凤眼蓝、蟛蜞菊、五爪金龙、薇甘菊等入侵植被景观,严重危害生态环境,同时也大大

降低了城市景观的观赏价值。

6. 入侵植物对科研活动的影响

生物入侵会威胁当地珍稀保护物种、古树名木以及具高科研价值动植物（如孑遗植物等）的生存，并改变群落的自然演替方向，不利于重要物种保育、系统发育、物种进化以及群落演替等科学研究的开展，降低入侵地的科研文化价值。这尤其体现在对自然保护区的入侵中。自然保护区是中国生物多样性保护的主要场所，也是中国珍稀濒危物种及特有生态系统的最后避难所，生物入侵会对自然保护区内的物种保育、生物多样性保护以及各类相关的科学研究造成极大的影响。根据中国环境科学院研究报道，截至2017年，在已展开外来入侵物种调查的53个国家自然保护区中，入侵物种总数共计达201种，较2006年增加了70种，自然保护区的生物入侵现象已越来越严重。

7. 入侵植物对人类资源需求的影响

多样化的生物群落和稳定的生态系统可以为人类提供稳定的生态系统服务，这对于人类生存至关重要。然而，外来种的侵入暴发会严重影响生态系统的服务功能，对人类的生命财产安全造成不良影响。首先，外来物种暴发会降低生态系统的农产品供给服务，直接造成重大的农林牧渔业等的经济损失。如入侵农田生态系统的恶性杂草节节麦和毒麦，因其竞争力极强，严重影响小麦等粮食作物的产量，目前节节麦在黄河流域的陕西、河南等小麦产区已有较多分布。目前近90种外来生物已经侵入黄河流域的农田生态系统中，若不及时有效控制，将会给我国粮食生产带来巨大打击。植物入侵对农田生态系统服务功能的影响包括土壤肥力的维持、营养物质循环、废弃物同化功能、二氧化碳固定等方面。菅利荣等通过计算，得出2000年生物入侵对农田生态系统服务功能所造成的间接经济损失为153.59亿元人民币。

外来物种暴发还会降低生态系统水资源的供应，目前黄河流域水体污染严重，可利用水资源十分紧张，而外来生物的入侵大大降低了黄河水资源的可利用性。例如，在黄河三角洲，反枝苋作为外来入侵植物，种子在含水量较高的环境下能够迅速萌发，吸收大量土壤水分，严重影响其他植物的水资源供给。相似地，牛筋草在黄河流域广泛分布，其根系发达，有效截获土壤水分,亦可造成土壤中水资源的短缺。此外,除了直接的经济损失,国家每年需要投入大量的人力和物力治理暴发危害的入侵生物。例如,全国范围内每年投入上百亿元治理凤眼蓝,但凤眼蓝极快的扩繁速度,使得治理工作收效甚微,因此呈现出年年治理、年年泛滥的现象。再者,外来物种入侵还会影响生态系统的文化服务功能,如河道、湖泊等被凤眼蓝入侵,会导致水质恶化,臭气熏天,影响人们的休闲生活。已入侵黄河中下游地区的豚草会引起人类严重的过敏反应,如哮喘和皮炎等,是世界性毒草。在豚草开花季节,过敏体质的人不得不戴上口罩或者远离豚草发生地,严重影响正常的生活。

二、入侵动物

1.我国入侵动物发生情况

中华人民共和国成立以来,我国农林生态系统新增外来入侵昆虫131种,每年平均新增1~2种。其中,2005—2013年是外来入侵昆虫快速增长时期,平均每年新增4~5种。2013年以后新增种类逐渐减缓,平均每年新增2~3种。此外,沿海地区和经济发达地区外来入侵昆虫新增种类或新记录物种数量最多,约占70%以上,内陆地区数量偏少,约占8%左右。调查发现,进入21世纪以来,新发现的外来入侵物种的类群中,入侵昆虫数量最多,占57.8%。其中,又以体型微小昆虫类群居多,如粉虱科和粉蚧科共占18种。从物种入侵来源分析,来源于"一带一路"沿线国家和南亚、东南亚邻近国家的入侵昆虫逐年增多。(见表7-2)

表7-2　入侵中国的主要外来动物种类

物种名录	入侵途径	寄主造成的危害	原分布地
松材线虫 (*Bursaphelenchus xylophilus*)	无意带入	危害松科植物	北美洲
福寿螺 (*Pomacea canaliculata*)	主动引入	危害水稻、水生贝类和植物,传播寄生虫	巴西
非洲大蜗牛 (*Achatina fulica*)	无意带入	危害农作物、蔬菜和生态系统,传播寄生虫	东非

续表

物种名录	入侵途径	寄主造成的危害	原分布地
克氏原螯虾 （*Procambarus clarkii*）	主动引入	危害本地鱼类、甲壳类及水生植物	拉丁美洲
白蚁 （*Termite*）	无意带入	破坏各种材料、河堤和农作物	美国
松突圆蚧 （*Hemiberlesia pitysophila*）	无意带入	危害马尾松	日本
美国白蛾 （*Hyphantria cunea*）	自然扩散	破坏园林	北美洲
蔗扁蛾 （*Opogona sacchari*）	无意带入	破坏观赏植物	巴西
湿地松粉蚧 （*Oracella acuta*）	无意带入	危害马尾松、湿地松等松类植物	美国
南美斑潜蝇 （*Liriomyza huidobrensis*）	无意带入	危害蔬菜	南美
美洲斑潜蝇 （*Liriomyza sativae*）	无意带入	危害蔬菜	拉丁美洲
稻水象甲 （*Lissorhoptrus oryzophilus*）	自然扩散	稻谷	日本
美洲大蠊 （*Periplaneta americana*）	无意带入	污染食物、传播病菌和寄生虫	北美洲
德国小蠊 （*Blattella germanica*）	无意带入	城市害虫	德国
苹果棉蚜 （*Eriosoma lanigerum*）	无意带入	危害苹果树	日本
马铃薯甲虫 （*Leptinotarsa decemlineata*）	无意带入	危害马铃薯等多种植物	美国
日本金龟子 （*Popillia japonica*）	无意带入	危害草坪和观赏植物	日本
西花蓟马 （*Frankliniella occidentalis*）	无意带入	危害栽培作物	北美洲
强大小蠹 （*Dendroctonus valens*）	无意带入	危害森林	北美洲

物种名录	入侵途径	寄主造成的危害	原分布地
虾虎鱼 （*Gobilldae*）	主动引入	危害鱼类	南非以北江河
食人鲳 （*Serrasalmus rhombeus*）	主动引入	危害鱼类、入水动物和人	亚马孙河
吸食鱼 （*Plecostomus punctatus*）	主动引入	食其他鱼卵	拉丁美洲
蚊鱼 （*Gambusia affinis*）	主动引入	危害两栖动物	中、北美洲
河鲈 （*Perca fluviatilus*）	无意带入	食其他鱼类	欧洲、西伯利亚和新疆部分地区
牛蛙 （*Rana catesbiana*）	主动引入	危害土著两栖类	北美
巴西龟 （*Trachemys scripta*）	主动引入	危害土著龟类	巴西
小葵花凤头鹦鹉 （*Cacatua sulphurea*）	主动引入	毁坏观赏树木	印尼诸岛
虹彩吸蜜鹦鹉 （*Trichoglossus haematodus*）	主动引入	毁坏观赏树木	印尼
加拿大雁 （*Anser Canadensis*）	主动引入	危害土豆	北美洲
海狸鼠 （*Myocastor coypus*）	主动引入	破坏山林、农作物、堤坝、防洪设施,传播疾病	南美洲
麝鼠 （*Ondatra zibethicus*）	主动引入	间接影响鱼类,破坏堤坝、防洪设施传播疾病	北美洲
褐家鼠 （*Rattus norvegicus*）	无意带入	盗窃粮食,传播疾病	北美洲

2.入侵动物的危害性

生物入侵时常被人们形容为"自然的灾变""生物黑客""生态系统的癌变"。据统计,美国、印度和南非三国每年因外来物种造成的经济损失分别为1500、1300和800多亿美元。我国也是外来物种入侵造成严重灾害的国家之

一,早在2000年,根据国家环保总局的保守估计,外来入侵物种每年对中国国民经济有关行业造成直接经济损失共计198.59亿元,对我国生态系统、物种及遗传资源造成的间接经济损失每年为1000.17亿元。

(1)动物入侵对我国生物多样性的影响。

动物入侵对本土生物多样性的负面影响主要包括破坏生态系统结构、损害动植物多样性和影响遗传多样性等。首先,由于外来动物入侵后,迅速繁衍发展为当地的优势种,本地物种常被分割、包围和渗透,种群进一步破碎,造成一些物种的近亲繁殖和遗传漂变。同时,基因交流还可能导致遗传侵蚀,影响本地物种的遗传资源和种质多样性。其次,外来物种在新环境中大肆繁殖和扩散,通过与本地物种竞争生态位,竞食或分泌化学物质抑制本地物种生长或直接杀死本地物种等方式,危及本地物种的生存安全,从而影响物种的多样性和整个生态系统的结构。如被列为世界100种最危险的外来入侵种之一的巴西龟的数量,在台湾省的局部地区已超过当地土著龟的数量,使土著龟的生存受到直接的威胁;在台湾省"清道夫"一类的观赏鱼的泛滥和湖北鄂州梁子湖放生的螺类肆意扩张,已造成水产鱼种生长危机,给当地渔业养殖带来了严重的经济损失。

(2)动物入侵导致灾难频繁暴发,危害农林经济。

据统计,松材线虫、湿地松粉蚧、松突圆蚧、美国白蛾、松干蚧等森林入侵害虫每年危害的面积在150万公顷左右;到2001年,被称为"松树癌症"的松材线虫病已经在许多省产生危害,每年造成的直接经济损失25亿元,间接损失达250亿元,每年致死松树600多万株;稻水象甲、美洲斑潜蝇、马铃薯甲虫、非洲大蜗牛等入侵的害虫,近年来每年灾害严重发生的面积达到140万 ~ 160万公顷。外来生物一旦"登陆"成功,就很难彻底根除,而且用于控制其危害、扩散蔓延的代价极大。目前,我国每年防治斑潜蝇的成本就高达4.5亿元。几种主要外来入侵物种给我国造成的经济损失平均每年高达574亿元,相当于海南省一年的GDP总量。

(3)威胁人类健康。

外来入侵动物不仅为生态环境和国民经济带来巨大的损失,而且还直接威胁人类健康。一些传染性疾病和病毒也往往是外来动物入侵带来的,如淋巴腺鼠疫、天花、流感病毒、艾滋病等,每年有多达上百万人遭受健康危害,甚至丧命;一些外来动物如福寿螺等,是人兽共患的寄生虫病的中间寄主;海狸鼠、赤狐、麝鼠等毛皮兽,在它们体内寄生有6种寄生虫,偶尔也会感染人类,给人们的健康造成危害。麝鼠还会传播野兔热,类似疯牛病、口蹄疫等病症。

3.外来动物入侵途径

入侵的途径有主动引入、无意带入、实验室逃逸和自然扩散等形式。观赏鸟类、鱼类和爬行类,以养殖为目的的两栖类、鱼类和哺乳类基本上都是通过主动引入的,而昆虫类以及线虫等一般是通过无意带入或靠自然扩散入侵的。2003年3月国家环保总局和中国科学院联合公布了《中国第一批外来入侵物种名单》中,蔗扁蛾、湿地松粉蚧、强大小蠹、美国白蛾、福寿螺、非洲大蜗牛、牛蛙等榜上有名。

(1)人为因素的入侵。

①有意引入。

人们根据自身的需要,有目的、有意识地实施引种,将动物从其自然分布的范围转移到一个新环境中去。

养殖业生产或观赏引种。人们为了发展特种养殖业或出于观赏等目的,有意识引入有经济价值的外来动物物种。如海狸鼠和麝鼠因其皮毛的价值而被引进并推广养殖;牛蛙、非洲大蜗牛和福寿螺等以食用为目的引入养殖;另外,还有水产养殖引进的虎鱼、麦穗鱼等。

供观赏而被动物园引入。这些引入的动物或因管理不善逃逸野化,或因缺乏市场而被养殖者遗弃野外、任其繁衍,最终导致泛滥成灾。

作为宠物引入。作为全球性的外来入侵种的巴西龟,在我国几乎所有的宠物市场都能见到;虹彩吸蜜鹦鹉和小葵花凤头鹦鹉等在城市中作为逃逸野化的宠物,给当地植被造成严重破坏。

②无意引入。

外来入侵种借助人类的贸易、运输、旅游等人类活动,在人们不知不觉中源源不断地踏进国门。

随交通工具带入。有些物种随船、飞机漂洋过海或随火车一路远行,走入异国他乡。新疆的褐家鼠和黄胸鼠就是通过火车带入的。

随农产品和货物带入。通过农产品和货物运输会无意中引入病虫害,给农林牧和园林等各个行业造成巨大经济损失,如导致农业病虫害的稻水象甲、美洲斑潜蝇等。还有随着苗木传入我国的林业害虫如美国白蛾、松突圆蚧、蔗扁蛾、松干蚧等。

随进口货物包装材料带入。一些林业害虫是随木质包装材料而来。中国海关1999—2000年从日本、美国等进口的机电、家电等使用的木质包装上多次查获松材线虫;从莫桑比克红檀木中曾截获双棘长蠹。

旅游者带入。中国海关多次从入境人员携带的水果中查获地中海实蝇、果实蝇等害虫。

③实验室逃逸。

北美地区肆虐的舞毒蛾属于欧洲型舞毒蛾,这种害虫进入北美地区源于一次实验室泄漏。1869年,Leopold Trouvelot(利奥波德·特鲁夫洛)将舞毒蛾从欧洲带入美国马萨诸塞州东部地区,他试图用舞毒蛾和蚕繁殖出更抗病的蚕,在实验室内进行实验的过程中,部分舞毒蛾逃逸。十几年后,舞毒蛾首先在Trouvelot的居住地附近暴发并开始扩散。此后,马萨诸塞州政府和联邦政府采取了多次行动试图除灭舞毒蛾,但未获得成功。目前该虫广泛分布于美国东北部的全部地区及东南部和中西部的部分地区,并且扩散到加拿大的魁北克省和安大略省。

(2)非人为因素的入侵(自然扩散)。

外来动物可以通过自然扩散方式入侵。许多害虫如美洲斑潜蝇可进行长距离迁移,昆虫马铃块茎蛾可借风力扩散,稻水象甲也可能是借助气流迁飞到中国。

4.重要入侵动物及危害

(1)外来蟑螂。

入侵动物对城市卫生和人类健康有极大的威胁,其中外来蟑螂是最主要的卫生害虫,包括德国小蠊、美洲大蠊和澳洲大蠊等,它们已成为全国各地重要的城市卫生害虫。尤其是臭名昭著的德国小蠊,它的繁殖力极强,仅次于家蝇。它不仅频繁侵扰居民住宅、饭店、仓库和商店等地方,危害人们正常的生活环境,还不断从体内排出怪味分泌物,咬食、破坏和污染食品、药材等,还会携带志贺菌(俗称痢疾杆菌)、沙门氏菌、霍乱弧菌、结核杆菌等细菌,蛔虫卵、钩虫卵等寄生虫。

(2)红火蚁。

红火蚁(Solenopsis invicta),属膜翅目蚁科切叶蚁亚科火蚁属土栖害虫,是世界自然保护联盟收录的最具有破坏性的入侵生物之一。原分布于南美洲巴拉那河流域(包括巴西、巴拉圭与阿根廷),在20世纪初因检疫的疏忽而入侵了美国的南方。这种原本不起眼的小火蚁,却造成美国在农业与环境卫生上非常严重的灾害,每年损失估计在10亿美元以上。在我国,目前已扩散至台湾、香港、广西、广东、海南、福建、浙江、江西、湖南、四川、重庆、云南等地区。红火蚁可取食植物的种子、果实、幼芽、嫩茎与根系,影响植物的生长与收成;捕食土栖动物、破坏土壤微生态;叮咬家禽家畜,造成禽畜的受伤与死亡;损坏灌溉系统,破坏户外和居家附近的电信设施,破坏农林等行业的公共设施;攻击人类,危害公共卫生安全,是一种危害面广、危害程度严重的外来入侵害虫。

(3)草地贪夜蛾。

草地贪夜蛾(别名秋黏虫,Spodoptera frugiperda),属鳞翅目夜蛾科灰翅夜蛾属,是一种产于美洲热带和亚热带地区的多食性害虫,为联合国粮农组织全球预警的重大害虫,该虫适应性高、繁殖力极强、破坏力强、迁移性强、抗药性强,严重威胁世界农业生产与粮食安全。2018年,在其入侵前,中国已开展草地贪夜蛾入侵前的预测预报,相关部委提前进行了预警发文,并对害虫草地贪夜蛾入侵中国的风险进行了评估。草地贪夜蛾自2019年1月自云南入侵中国,不到一年时间在中国至少26个省区市1524个县(区)见虫,之后由于各级政府重视,实现了"防虫害夺丰收"的目标。

(4)美国白蛾。

美国白蛾(又称秋幕毛虫,Hyphantria cunea),属鳞翅目灯蛾科,为世界性

的检疫性害虫,也是我国重大外来入侵害虫。该虫原产北美,此后相继传播到欧亚大陆,并给当地农林业造成巨大的经济损失,对生态环境造成极大影响,同时对国民经济发展和生态安全构成巨大威胁。我国1979年在辽宁丹东首次发现该虫危害,1980年蔓延至辽宁的9个县市。1980—2000年,该虫先后传入我国的山东、陕西、河北、上海、天津等省,发生扩散趋势的主要为沿海地区;2001—2018年,该虫陆续传入北京、河南、吉林、江苏、安徽、内蒙古、湖北等省区市,发生趋势总体上呈现向南北及内陆地区扩散,并且速度明显加快,特别是2015年下半年,疫情更加严峻。截至目前,美国白蛾分布于我国的11个省份,县级疫区572个。由于这种害虫具有传播速度快、繁殖力强、危害的寄主植物多、取食量大等特点,因而常常暴发成灾,使农林业生产遭受巨大的经济损失。

第三节　病媒生物

一、概述

病媒生物是指能直接或间接传播人类疾病的生物,主要有三大类:节肢动物门昆虫纲的蚊、蝇、蚋、白蛉、蜚蠊、蚤、虱、臭虫、隐翅虫;节肢动物门蛛形纲蜱螨目的硬蜱、软蜱、革螨、恙螨、疥螨、尘螨、粉螨、蒲螨、蠕形螨等;啮齿类动物,其中鼠类最重要。

病媒生物与人类生活密切相关,它不仅能传播许多重大疾病,构成重大的生物安全风险,给人类健康和安全造成严重威胁,而且极易成为生物恐怖的载体,由其引发的病媒生物性疾病易成为危及国家安全、造成社会动荡的不稳定因素,甚至会影响到一个国家在全球的形象和声誉。近二十年来,全球病媒生物种群分布与地域迁移发生了一些变化,一些重要病媒生物或外来有害生物可能随着贸易、旅游等活动向世界各地传播,促使全球新发或再发病媒生物性疾病数量呈明显的上升趋势。我国是发展中国家,病媒生物种类丰富,国外新发病媒生物性疾病也有潜在输入我国境内的可能,例如十多年前红火蚁曾输入我国广东、广西并持续造成重大公共安全危害。因此,加强病媒生物及其传播疾病的防控工作是保障生物安全的重大问题。

病媒生物防制是一项长期、艰苦而十分重要的任务,特别是在突发公共卫生事件(如水灾、地震、生物安全和生物恐怖等)处理中始终占据着重要地位,只有充分掌握病媒生物与其所致疾病的分布与动态变化,才能有效预防控制外来有害生物或本地病媒生物危害,有效应对各种病媒生物及相关突发传染病发生与流行的生物安全风险,切实保障人民生命财产安全。

二、病媒生物的主要生物安全危害

病媒生物的主要生物安全危害包括直接危害和间接危害两种类型。

1.直接危害

(1)骚扰和吸血。主要指蚊、白蛉、虱、臭虫、蚋、蠓、虻、蜱、螨等通过叮刺宿主体表进行吸血,严重影响和干扰人类工作与休息。

(2)螯刺和毒害。指某些病媒生物利用自身的毒腺、毒毛或体液,通过体表接触或螯刺将毒液注入人体而使人受害。严重者甚至可致人死亡。

(3)过敏反应。如体质虚弱者对某些病媒生物的涎腺、分泌物、排泄物、脱落的表皮等产生的过敏反应(如哮喘、鼻炎等)。

(4)寄生。如蝇类幼虫寄生引起蝇蛆病,疥螨寄生于皮下引起疥疮,蠕形螨寄生于毛囊引起的蠕形螨病等。

2.间接危害

间接危害则指病媒生物可以作为载体传播疾病,构成生物安全重大风险,一部分病媒生物甚至可以成为生物恐怖的媒介。病媒生物传播疾病的途径不外乎两种:机械性传播和生物性传播。前者指病原体通过附着在病媒生物的体表、口器或消化道等进行散播,其形态和数量均不发生变化。后者指病原体在病媒生物体内经历发育或(与)繁殖阶段,才能从一个宿主传播到新的宿主。

三、病媒生物传播的主要疾病

由于全球气候变暖,生态环境不断改变,交通、旅游和贸易往来的快速发展,病媒生物的种类、密度和分布等发生了新变化,不仅原有的病媒生物类疾病范围扩大,发生频率和强度增加,而且一些新的病媒生物传播疾病也不断出现,人类正面临着新发或再发病媒生物类传染病的严重威胁。

病媒生物类疾病(包括虫媒传染病或鼠传疾病)的发生和暴发流行离不开病媒生物传播这一重要环节。目前,已知能使人类致病的病媒生物细菌性疾病有14种、病毒性疾病有31种、立克次体病有5种、寄生虫病有7种。最常见的疾病有鼠疫、肾综合征出血热、钩端螺旋体病、登革热、疟疾、流行性乙型脑炎、恙虫病、丝虫病、黄热病、森林脑炎、蜱传回归热、地方性斑疹伤寒、兔热病、鼠咬热和血吸虫病。许多新发或者输入性传染病,如登革热、基孔肯雅热、西尼罗热、莱姆病等,也是以病媒生物传播为主的疾病。一些肠道传染病也可由病媒生物机械性携带而传播,例如痢疾和伤寒等。

我国是病媒生物类疾病多发国家,在我国法定报告传染病中有三分之一以上都是病媒生物类疾病,局部地区还呈严重的暴发流行趋势,如鼠疫在我国西北和西南个别地区时有发生,登革热曾在我国南方暴发甚至流行,流行性出血热不断有聚集性病例出现,这些都与病媒生物的传入、生存及繁殖有密切的关系,因此,有效切断病媒生物类疾病传播途径,加强病媒生物规范化、法律化管理,保护易感人群显得尤为重要。

自20世纪70年代以来,全球病媒生物性疾病疫情呈现显著的上升趋势。一方面,某些历史上得到有效控制的病媒生物性疾病死灰复燃,如鼠疫、狂犬病等;另一方面,新发病媒生物性疾病此起彼伏,如无形体病、基孔肯雅热等。病媒生物性疾病呈现出新的特点:新病原不断被发现且频率趋快;病原体呈现快速变异,新致病型菌(毒)种或亚型加速出现;新发病原体毒力强,宿主群和组织嗜性越来越宽,致病机理复杂。尤其是进入21世纪以来,新发病媒生物性病毒病更是恣意肆虐,流行趋向全球化。病媒生物性传染病防控形势严峻,成为重要的公共卫生安全问题。2019年底发生,造成全球流行的新冠肺炎疫情再次表明,病原微生物和病媒生物是一个重大的公共卫生安全隐患,必须高度重视,人类和病媒生物、病原微生物的较量进入了一个新的阶段。

1. 鼠疫

鼠疫是鼠疫耶尔森菌借鼠、蚤传播为主的甲类传染病,是流行于野生啮齿动物间的一种病媒生物性疾病。临床上表现为发热、严重毒血症症状、淋巴结肿大、肺炎、出血倾向等。鼠疫在世界历史上曾有多次大流行,严重威胁了人类生存和发展。

2. 黄热病

黄热病是一种由黄热病毒引起、经蚊传播的急性传染病,属于国际检疫的传染病之一。临床主要表现为发热、黄疸、出血等。在某些暴发疫情中病死率可高达20%～40%。本病主要在中南美洲和非洲的热带地区流行,通过蚊和非人灵长类之间周期性地发生自然感染循环。

3. 登革热

登革热是由登革病毒引起的急性虫媒传染病,主要通过埃及伊蚊和白纹伊蚊叮咬传播,是我国传染病法规定的乙类传染病。广泛流行于全球热带、亚热带的非洲、美洲、东南亚、西太平洋地区和欧洲个别境域的100多个国家和地区。据世界卫生组织估计,全球约有39亿人受到登革热感染的威胁,每年大约有1亿感染者,其中50万例登革出血热需要住院治疗,2.5万例死亡,登革出血热病例中95%为15岁以下的儿童。

4. 基孔肯雅热

基孔肯雅热是一种通过受感染蚊子叮咬传播的病毒性病媒生物性疾病。基孔肯雅热一般持续5～7天,常会引起严重的关节痛,使人失去行动能力,这种状况有时会持续很久。本病多次发生于非洲热带地区以及亚洲的印尼、菲律宾、泰国、越南、缅甸和印度等地。它在全球的流行最早可追溯到1779年的印度尼西亚,随后扩展至非洲、印度次大陆和东南亚等地区。印度尼西亚自1985年零星暴发过以后,2001—2007年再次呈大规模暴发流行趋势,大约有1.5万人感染基孔肯雅热病毒。2010年广东省、2018年浙江省曾发生了基孔肯雅热暴发流行。

四、影响病媒生物及病媒生物性疾病发生的主要因素

影响病媒生物及病媒生物性疾病发生的因素很多,主要有以下几个方面:

(1)全球气候变暖,部分地方降水增加,使蚊、蝇、蜱、蚤等病媒生物地理分布不断向南极和北极扩散,活动时间延长。

(2)微生物变异与进化因素。由于选择压力的持续存在,病原体的遗传进化是绝对的。病原在人群和动物群中不断地跨宿主增殖传递,病原基因在选择压力下筛选出优势突变体,在致病性、抗原性、耐药性、传播途径和宿主谱等方面发生突变,产生新型甚至新的变种。

(3)人类行为与生活习惯等因素,也是我们防控工作中应注意的重点。不良的饮食习惯,如生食肉类、鱼类、淡水蟹及某些水生植物可导致多种寄生虫病的感染和传播。生饮牛、羊奶造成牛结核、羊布鲁氏菌病发生与流行。嗜食野生动物则大大增加感染动物源性病原的机会。人类无节制地开发自然资源,如过度开垦土地、滥伐森林、兴修水坝、建造公路铁路等,野生动物赖以生存的栖息地逐渐缩小,食物链被严重破坏,迫使动物从森林深处迁移到边缘地带的果园和牧场觅食,增加了人类和家畜与野生动物病原携带者、媒介昆虫接触的机会。1998年以来先后在马来西亚、孟加拉国等暴发的尼帕病毒性脑炎即例证。此外,便捷的现代交通使人类旅游业空前发展,病原体和媒介昆虫随人流远距离快速散播,是助推疾病扩散流行的重要因素。

(4)环境生态学的变化。工业化导致的温室效应引起全球气候变迁,亚热带、热带区域范围呈现扩张趋势,适合媒介动物生存和繁殖的地理区域随之扩大。厄尔尼诺带来的大量降水使得蚊、螨、蛉、蜱、虱等媒介生物的密度大幅度增加,危害期明显延长。气候效应是过去局限于亚热带和热带的自然疫源性疾病逐步向温带蔓延的主要原因。2006年法属留尼汪岛基孔肯雅热暴发即典型例证。城市化过度发展,大量的垃圾和生活污水未得到有效处理,造成严重的环境污染,也助长了新发传染病的滋生和蔓延。

五、生物安全风险最严重的几类主要病媒生物

1.蚊

蚊属于双翅目长角亚目蚊科。主要形态特征是:(1)成蚊的口器演化为由下唇形成外鞘的长喙,突生在头的腹面,是它们的摄食器官,绝大多数雌蚊的口器适合于刺吸人或动物的血液;(2)翅的翅脉和翅缘具鳞片,其余部分,包括头部及多数种类的腹部也有鳞片。

蚊科分为三个亚科:巨蚊亚科、按蚊亚科和库蚊亚科。按蚊亚科共有三个属:按蚊属、皮蚊属和夏蚊属。其中按蚊属是按蚊亚科的大属,占按蚊亚科总数的95%以上。按蚊属几乎呈世界范围分布,在温带、亚热带、热带及一些独立岛屿和高海拔地区均有出现,仅少数太平洋岛屿无此类蚊虫。它也是欧洲、非洲和亚洲的按蚊亚科唯一的蚊属。皮蚊属分布于澳大利亚以及巴布亚新几内亚等太平洋岛屿。夏蚊属分布于中美洲、南美洲和北美洲的墨西哥。

蚊是一类十分重要的病媒生物,它的刺叮吸血会引起严重的骚扰,更为严重的是它能传播多种疾病。人被蚊叮咬而感染的疾病有登革热、疟疾、丝虫病、黄热病、西尼罗热、东方马脑炎、西方马脑炎、委内瑞拉马脑炎、圣路易脑炎、流行性乙型脑炎(简称乙脑)、基孔肯雅热等,统称蚊媒传染病。

2.蜱

蜱俗称壁虱、扁虱、草爬子、犬豆子、八脚子等,在分类上属于节肢动物门蛛形纲蜱螨亚纲蜱总科,通常寄生在鼠类、家畜等体表。一般呈红褐色或灰褐色,长卵圆形,背腹扁平,从芝麻粒大到米粒大不等。全世界已知蜱类1000余种,我国已发现100余种。常见的种类有长角血蜱、血红扇头蜱、中华硬蜱等。

蜱是许多人兽共患病的重要传播媒介,呈世界性分布,宿主多样,可寄生于哺乳类、鸟类、爬行类和两栖类等多种动物,通过叮咬宿主吸血并使宿主产生免疫反应,同时传播病原体而导致疾病发生。蜱通常被认为是最重要的病原体储存库,并且具有经卵传代的特点,感染病原体的雌虫可以经卵巢传至卵,并可经卵传递3~4代,因此,在一定意义上还起到储存宿主的作用。蜱的

成虫、若虫和幼虫均可带毒并传播疾病,给人类健康及畜牧业带来很大危害。蜱传播的疾病主要有病毒性疾病、立克次体病、螺旋体病、埃立克体病、细菌性疾病及蜱瘫痪等,由于大部分的蜱传播疾病属于新发传染病,如发热伴血小板减少综合征、森林脑炎等,且没有特异性的临床症状,因此,易造成临床的误诊,甚至会因未及时诊断或误诊而造成死亡。

3.螨

螨属于节肢动物门蛛形纲蜱螨目,身体大小一般都在0.5毫米左右。成虫有四对足,一对触须,无翅和触角。虫体分为颚体和躯体,颚体由口器和颚基组成,躯体分为足体和末体。前端有口器,食性多样。世界上已发现螨有50000余种,不少种类与生物安全有关,目前已知有140个种和亚种。

螨生活史分为卵、幼虫、前若虫、后若虫和成虫五期,幼虫具有3对足,若虫与成虫都具有4对足。一生产卵100～200个,完成一个世代一般需要3个月,每年完成1～2代。成虫的寿命时间平均为雄性116天,雌性185天。成虫和若虫主要以土壤中的小节肢动物和昆虫卵为食,幼虫则以宿主被分解的组织和淋巴液为食。幼虫在刺吸过程中,一般不更换部位或转换宿主。

医学上与人类有关的螨主要为恙螨和革螨。恙螨的成虫和若虫营自生生活,幼虫寄生在家畜和其他动物体表(比如鼠)。革螨大多数营自生生活,少数营寄生生活。寄生性革螨以刺吸宿主的血液和组织液为食,多寄生在人、鼠体、鸡鸽等,可叮咬人的皮肤吸血,引起皮炎瘙痒。但是其活动受温度、湿度和光线等多种因素的影响。

恙螨的直接危害是叮咬人体引起恙螨性皮炎,其唾液溶解宿主皮肤组织细胞,引起局部凝固性坏死,所以出现皮炎,有时可能发生继发感染。此外,恙螨可以传播病毒、立克次体、细菌等病原体,给人类造成严重的危害,还引起恙虫病和肾综合征出血热等其他疾病。

革螨叮刺吸取血液或组织液会引起革螨皮炎,主要表现为局部出现红色水肿性丘疹、奇痒、水疱,还会出现抓痕结痂和色素沉着。某些革螨还能在野生动物间传播人兽共患病,并长期保存疫源。

4.蚤

蚤,俗称跳蚤,属于节肢动物门昆虫纲蚤目,全世界已知有5总科16科239属约2500种。目前,我国已记录651种,共计4总科10科75属,其中常见的有人蚤、印鼠客蚤、猫栉首蚤、犬栉首蚤、方形黄鼠蚤等。蚤成虫呈棕褐色或近黑色,体型小,体长约1~3毫米,左右侧扁、无翅但足发达、善跳跃,营寄生生活,具刺吸式口器,以宿主血液为食,多寄生于哺乳动物和鸟类身上,例如鼠、猫、犬、猪、蝙蝠等。

蚤是一种完全变态昆虫,它的一生包括卵、幼虫、蛹和成虫四个时期,从卵到成蚤的整个生活史从2~3周到1年以上不等。雌雄成蚤均吸血,吸血是蚤成虫摄取营养的唯一途径,对其交配、繁殖和寿命具有重要意义。吸饱血的雌蚤在受精后产卵于碎屑中,通常一生产卵约300~1000枚。卵3~5天后即可孵化为幼虫,幼虫畏光,常躲藏在房间的缝隙隐蔽处或宿主窝巢内,以有机质为食。蚤幼虫期一般为2~3周,但随种类和生存环境而异,幼虫蜕皮2次,最后吐丝成茧,并在茧内化蛹。蛹在季节温湿度变化等外界因素刺激下,破茧为成虫。成蚤常寄居于寄主的毛发间或游离在宿主的居住场所附近,根据其寄生方式可分为游离型、半固定型和固定型。成蚤寿命的长短与环境温湿度、吸血频次等条件有很大关系,条件越好,成蚤寿命越长。

蚤可通过叮刺吸血、皮下寄生等方式对宿主造成直接危害。蚤还可以通过传播病原体引起疾病造成间接危害,其中最主要的为鼠疫。鼠疫又称黑死病,是一种发病急、传播快、病死率高、传染性强的烈性疾病,为甲类传染病之首。历史上曾发生过三次鼠疫世界大流行:首次大流行发生于公元6世纪,起源于中东,后传入北非、欧洲等地,持续五六十年,死亡总数近1亿人;第二次大流行发生于公元14世纪,以欧亚大陆为主,导致近7500万人死亡;第三次大流行始于19世纪末,至20世纪30年代达到最高峰,波及亚洲、欧洲、美洲等地,导致千万人死亡。除此之外,蚤还能传播肾综合征出血热、地方性斑疹伤寒等多种疾病。

六、生物安全风险防范

预防和控制病媒生物应采取以环境防治和物理防治为主的综合性防控措施,包括环境防治、物理防治、化学防治、生物防治和法规防治。坚持预防为主、标本兼治、综合治理、科学防治的方针,实行政府组织、全民动手、属地管理、单位负责、科学指导、社会监督,坚持集中治理与经常性治理相结合,以经常性治理为主的防治原则。2016年浙江省开展的"无蚊村"建设就是建设美丽乡村、减少病媒生物危害、保障生物安全的绿色环保措施,目前全省已经有100多个村在建设"无蚊村",为乡村振兴、生物安全保驾护航。

在病媒生物性疾病暴发等特殊情况下,可以优先采用化学杀虫灭鼠剂进行病媒生物紧急控制。采用化学杀虫灭鼠剂时,要根据抗药性和当地生物种群背景资料,科学选择药物及剂型,采用适宜的技术以达到较好的应急处置效果并防止抗药性的产生。严禁使用国家明令禁止的非法急性药物。使用合法的药物时,也要选择对环境友好的药物,防止对人兽造成危害。

一般而言,化学杀虫剂对昆虫和动物(包括人)都是有毒的,使用前应该对化学杀虫剂的毒性有一个比较清楚的认识,合理安全地使用杀虫剂。

在毒饵使用过程中,应充分考虑到人兽安全,应做上必要的标记,并辅以警戒色。

野外旅游或者作业时要注意个人防护,穿戴适当的防护服,个人使用涂抹驱避剂,或戴用驱避剂处理过的头网,严防出现新的叮咬接触感染。野外值勤人员使用驱避剂处理衣服,亦可使用0.2%敌百虫水溶液或0.1%氯菊酯喷衣领、袖口和裤口等,裸露皮肤涂抹避蚊胺类驱避剂。

从事病媒生物控制的有关人员必须进行相关的专业知识和安全知识培训,否则不得进入疫区进行该项工作。

化学防治过程中要仔细检查喷雾器等设施是否发生渗漏,施工人员应穿上必要的防护服,在施药过程中不要随意饮食,进食前要注意脱掉工作服,并用肥皂液或洗手液洗手,有条件可进行淋浴。

第四节 应对措施

一、预防为主，防治结合

按照预防为主的原则，有关部门应加强对物种引进的监管工作，建立起引进外来物种的环境影响评价制度，要对引进外来物种采取隔离区或缓冲区等相应的防范措施，自然保护区、风景名胜区和生态功能保护区以及生态环境特殊和脆弱的区域，要严禁从事外来物种引进和应用。同时，各地要加强对外来入侵物种情况的调查，在此基础上制订外来入侵物种防治计划，有目的、有组织地开展除治工作。

二、强化疫情信息管理，做好早期预警工作

一是建立国外有害生物疫情信息发布制度，在与世界各国发展贸易的同时，利用各种渠道收集、整理、编印、预测国外疫情信息，每半年发布一次，以便有关部门有的放矢地开展检疫工作。二是每3～5年在浙江省开展一次外来有害生物普查，全面查清物种、分布、危害程度，编制浙江省外来有害生物名录，建立资料档案，制定对应措施。三是大力开展外来有害生物的研究工作，对外来有害生物进行入侵途径、生物学特性、防治方法及生态学的研究，为外来有害生物的治理提供技术支撑。四是加强疫情监测，在引种种植地建立监测点，派专人常年监测，发现疫情及时上报有关部门。

三、加强对生物入侵的科学研究

加强对外来入侵物种防治基础和应用的科学研究。特别要重视外来物种入侵和危害机制、外来物种控制技术的研究，为外来入侵物种的防治和管理提供技术支持，使防治工作更加科学有效。同时，还要研究国际发展趋势，借鉴国际成功经验。

四、制定相关法律法规

我国目前缺乏针对外来入侵生物的专门法规与管理条例。美国在1996年颁布了《国家入侵物种法》,1999年根据总统令组建了以农业部为主的国家入侵物种委员会,并制定联邦政府行动计划指南,设立专门基金,开展疫情监测、风险分析和防治行动。防范外来物种入侵,要建立健全法律法规,我国已出台《生物安全法》,加强对外来入侵物种的调查、监测、预警、控制、评估、清除以及生态修复工作,并对擅自引进外来物种明确处罚措施。

五、立足于本土生物多样性研究

我国是世界上生物资源最为丰富的国家之一,其中暗藏着诸多外来生物的天敌。这些本土物种不仅在土地覆盖、与外来种竞争、天敌资源等方面具有巨大潜力,而且更为安全可靠,减少引进外来天敌所带来的风险。

六、加强对入侵种的应用研究

对于部分我们现在认为有害的动物,如果加强对它的应用研究,合理开发利用,不但可以节约大量的预防资金,还能使其变废为宝,产生一定的社会经济效益。同时还避免了生物脱离人为控制而野生蔓延。如海狸鼠、麝鼠等动物都有极高的经济价值,加强对其产品的开发,不但有利可图,而且还可有效地控制其野外的数量。

七、提高公众的生物入侵和生态安全意识

加强宣传介绍外来入侵物种危害性的公众教育,并充分利用各种传播媒体开展外来入侵生物防治的宣传,普及外来入侵生物管理的科学知识,提高公民生态安全意识和环境意识,减少外来生物的无意识入侵。全社会齐心协力,共同做好外来生物入侵的防治工作。

（郑炳松、陈友吾、龚震宇）

参考文献:

[1]张桂芬,孙玉芳,万方浩,等.我国农林生态系统近20年新入侵物种名录分析[J].植物保护,2018,44(5):168-175.

[2]郭井菲,何康来,王振营.草地贪夜蛾的生物学特性、发展趋势及防控对策[J].应用昆虫学报,2019,56(3):361-369.

[3]万方浩,郭建英,张峰,等.中国生物入侵研究[M].北京:科学出版社,2009:10-24.

[4]杨小林,王德良.外来入侵动物[J].江西农业学报,2007,19(6):125-127.

[5]桂富荣.浅谈外来生物入侵对生态安全的影响[J].云南农业,2005(7):20-21.

[6]周曙东,易小燕,汪文,等.外来生物入侵途径与管理分析[J].农业经济问题,2005(10):19-23.

[7]曹云.开放社会的外来生物入侵[J].中国林业,2005(8):4-7.

[8]李顺才.论外来入侵物种与特种动物引种[J].野生动物,2004(4):16-19.

[9]叶真,夏时畅.病媒生物综合防制技术指南[M].杭州:浙江大学出版社,2012.

[10]刘起勇.环境有害生物防治[M].北京:化学工业出版社,2004.

[11]柳支英,陆宝麟.医学昆虫学[M].北京:科学出版社,1990.

[12]莫建初.卫生害虫防治技术[M].北京:化学工业出版社,2010.

[13]周明浩,褚宏亮.病媒生物防制应用指南[M].苏州:苏州大学出版社,2014.

[14]刘晓春,白婕.中国生物入侵现状及对策[J].环境科学与管理,2006,31(2):80-82.

第八章　微生物耐药及应对

第一节　概述

　　微生物是地球上最早的生命,在长期的进化过程中,形成了强大的自我保护功能。抗微生物药物,包括抗生素、抗病毒药、抗真菌药和抗寄生虫药,是用于预防和治疗人类、动物和植物感染的药物。当细菌、病毒、真菌和寄生虫在抗微生物药物的选择性压力下,随着时间的推移发生不断"进化",不再对药物产生反应,使药物失去作用以达到生存的目的,就会出现抗微生物药物耐药性。

　　目前,抗菌药物耐药是抗菌微生物药物耐药中对全球卫生、食品安全和发展的最大威胁之一。抗菌药物耐药产生的主要原因是临床治疗不规范使用抗生素、养殖业滥用抗生素和生产加工企业排放含有抗生素的废水。在我国,新型抗菌药物研发能力不足、药店无处方销售抗菌药物、医疗和养殖领域不合理使用抗菌药物、制药企业废弃物排放不达标、群众合理用药意识不强等,使细菌耐药问题日益突出。我国是世界上最大的抗生素生产国与消费国,每年抗生素原料药产量21万吨,其中近50%用于养殖业,而住院患者的抗生素使用率高达80%,再加上缺少对抗生素生产加工企业排放废水的有效监管,造成我国微生物耐药形势更加严重。中国是细菌耐药性最严重的国家之一,在我国食品、动物、临床、环境分离株中发现的第三代、第四代头孢和氟喹诺酮类等临床抗感染的一线药物的耐药谱和耐药机制,预示着将来甚至有可能会"无药可用"。

　　新的耐药机制不断出现,多重耐药菌和泛耐药菌(也称为"超级细菌")在全球快速传播,有效的抗微生物药物极度缺乏,这些正威胁着人们治疗传染病和重大疾病的能力;微生物耐药给国家经济及其卫生系统造成巨大损失,它会延长住院时间,导致对更昂贵的重症监护的需求增加,如果没有有效的工具来预防和充分治疗耐药感染,治疗失败或死于感染的人数将会增加,外科手术包括剖宫产、髋关节置换、癌症化疗和器官移植等,将变得更加危险,这些都将给人类社会带来极高风险。2016年世界卫生组织报告称,如果不采取行动,到2050年,耐药性疾病每年可能导致1000万人死亡,造成100万亿美元的经济损失;到2030年,抗微生物药物耐药性问题可能会使多达2400万人陷入极端贫困。

　　目前的生物技术,快速确定病原体及耐药性并不困难,但如果广泛耐药的病原体如被恶意人工编辑利用的广泛耐药霍乱弧菌、鼠疫耶尔森菌等被恶意利用将会带来灾难。我国高度重视微生物耐药现象,《生物安全法》的实施将应对微生物耐药提升到国家安全的高度,并提倡合理使用抗微生物药物,积极防控和应对微生物耐药,以保障人民生命健康,守护国家安全。

第二节　微生物耐药现状

一、细菌耐药

　　抗生素是目前临床应用中使用最广泛的药物之一,是治疗各种感染必不可少的药物,例如治疗常见的细菌感染,如尿路感染、败血症、性传播感染和消化道感染。目前抗生素的困境是细菌感染临床分离的耐药菌越来越多,而现有有效的抗生素越来越少。例如对于环丙沙星(一种常用于治疗尿路感染的抗生素),耐环丙沙星大肠埃希氏菌的临床株分离率为8.4%~92.9%,耐环

丙沙星肺炎克雷伯菌临床株分离率为4.1%~79.4%。

肺炎克雷伯菌是临床分离及医院感染的重要致病菌,引发的感染会威胁患者生命。碳青霉烯类抗生素对绝大多数β-内酰胺酶稳定,一直是治疗肺炎克雷伯菌等肠杆菌科细菌最有效的抗生素,是治疗肺炎克雷伯菌引起危及生命感染的最后手段,但现如今,耐碳青霉烯类肺炎克雷伯菌已经传播到世界各区域。在肺炎克雷伯菌引起的肺炎、血流感染以及新生儿和重症监护病房患者的感染中,由于碳青霉烯类耐药,碳青霉烯类抗生素在超过一半的肺炎克雷伯菌感染患者中不起作用。

金黄色葡萄球菌是社区和医疗机构中感染的常见菌,但它对用于治疗的一线药物耐药非常普遍。耐甲氧西林金黄色葡萄球菌除对所有β-内酰胺类耐药外,还常表现为对大环内酯类、克林霉素、四环素和氟喹诺酮类耐药,临床感染治疗只能用肾毒性较强的万古霉素,耐甲氧西林金黄色葡萄球感染者与药物敏感感染者相比,死亡概率高64%,而目前临床分离的耐甲氧西林金黄色葡萄球在金黄色葡萄球菌中占40%~90%。

大肠埃希氏菌对用于治疗尿路感染的氟喹诺酮类抗生素的耐药性非常普遍。目前,在世界上许多地方,这种治疗对一半以上的患者无效。

碳青霉烯类抗菌药物如亚胺培南、美罗培南等一直是使用超广谱β-内酰胺酶(ESBLS)或AmpC酶治疗肠杆菌科细菌的首选药物,耐碳青霉烯类肠杆菌(CRE)的出现是临床治疗的一大难题,多黏菌素是由耐碳青霉烯类肠杆菌引起的威胁生命感染的最后唯一的治疗手段。但目前已检测到对多黏菌素有耐药性的细菌,导致目前无药治疗这种感染。

淋病奈瑟菌对磺胺类、青霉素类、四环素类、大环内酯类、氟喹诺酮类和早期头孢菌素的耐药性迅速出现,高度变异的淋病奈瑟菌广泛耐药性已经危及淋病的管理和控制。目前,可注射的广谱头孢菌素头孢曲松是唯一的淋病经验性单一疗法,再出现耐药也将无药可用。

二、结核分枝杆菌耐药

结核分枝杆菌是威胁人类生命的最重要的细菌之一。据世界卫生组织报告,全球每年结核新发病例1000万个,约有50万例耐利福平结核病新病例,其中绝大多数为耐多药结核病。我国是结核病高发国家,在全球排前三,也是耐药结核高负担国家之一。根据世界卫生组织耐药监测结果推测,我国每年新发耐多药结核病和耐利福平结核病约52000例,但仅有11%左右的耐药患者被发现和报告,其中仅49%的患者纳入治疗。与非耐药结核病患者相比,耐多药结核病患者需要的疗程更长,药物疗效更差,治疗费用也高得多。接受耐多药结核病和耐利福平结核病治疗的患者中,只有不到50%的人被成功治愈。而广泛耐药结核病仅5%的治愈率,被称为"可传染的癌症"。结核病防控使用130年前的诊断方法、90年前的疫苗和50年前的药品来面对不断变异耐药的结核分枝杆菌。随着耐药结核的不断出现,结核病成为严重威胁人类健康的社会公共卫生问题。世界卫生组织宣布"全球结核病处于紧急状态",指出"遏制结核病行动刻不容缓",将结核病列为重点控制的传染病之一。由于耐药结核的严重性,美国疾病控制与预防中心已将耐药结核杆菌归于C类生物战剂。

三、病毒耐药

针对免疫功能低下的患者群体,抗病毒药物耐药性问题日益受到关注,在这一群体中,持续的病毒复制和长期的药物暴露导致耐药菌株的筛选,一些毒株甚至能对大多数抗病毒药物产生耐药性。

由于耐药艾滋病毒耐药株的出现,所有抗逆转录病毒药物,包括新的类别,都有部分或全部失效的风险。美国的一份调查报告显示,1600份血浆标本中,有78%对1种以上的常用药物耐药,接受3种以上药物治疗的患者中有87%可检出耐药毒株。目前已经发现对所有抗HIV药物耐药的毒株,并且具有流行趋势。发展中国家开始抗逆转录病毒治疗的人群中约7%感染的是艾滋病毒耐药株,发达国家为10%~20%。初始艾滋病毒治疗的人群中感染耐药病毒的比例达到15%或更高,而在重新开始治疗的人群中该比例高达40%。婴儿中的艾滋病毒耐药水平高得惊人。在撒哈拉以南的非洲,新诊断感染艾滋病毒的婴儿,超过50%感染的是耐药艾滋病毒。艾滋病二线药物和

三线药物治疗方案费用比一线药物治疗方案分别高3倍和18倍,耐药性的变化加剧了患者经济负担。

抗病毒药物对于治疗流行性和大流行性流感至关重要。但是,几乎所有在人类中传播的甲型流感病毒都对金刚烷胺和金刚乙胺这两类抗病毒药物具有不同程度的耐药性,奥司他韦处于低水平耐药,2003年以来,60%以上的流感耐药分离毒株来自亚洲。世界卫生组织全球流感监测和应对系统负责持续监测抗病毒药物的敏感性,我国各省除西藏以外每年均开展30株左右的耐药监测。

长期以来乙型肝炎严重困扰着人们的身心健康,但至今没有发现一种能彻底根除体内乙肝病毒的药物,主要原因是在持续的治疗过程中HBV病毒会发生变异引起耐药。乙肝病毒耐药变异成为困扰临床治疗的重大难题,成为乙肝治疗领域最大的挑战。目前,中国超过10万乙肝患者体内的乙肝病毒出现耐药。在乙肝治疗中,耐药一旦发生,原本有效的抗病毒药物抑制病毒复制的能力就会大大降低。同时,耐药会导致病情反复、治疗进展缓慢等不良后果,而药物之间的交叉耐药也会给后续治疗的选择带来极大的困难。

四、寄生虫耐药

寄生虫耐药的出现是疟疾控制的最大威胁之一,并导致疟疾发病率和死亡率上升。以青蒿素为基础的联合疗法是无并发症的恶性疟原虫疟疾的推荐一线治疗方法,被大多数疟疾流行国家采用。但近年来研究确认了疟原虫出现对青蒿素的部分耐药和对一些以青蒿素为基础的联合疗法药物的耐药。如进一步蔓延,可能构成重大公共卫生挑战,并危及疟疾控制方面的重要成果。这使得选择正确的治疗方案更具挑战性,需要密切监测。

五、真菌耐药

随着艾滋病患者、应用免疫抑制剂及危重病患者的增多,真菌感染不断增多,但有效的抗真菌药物并不多,耐药真菌却与日俱增。真菌已经产生耐药性药物包括唑类、多烯类和氟尿嘧啶。产生的耐药性真菌涉及耳念珠菌、假丝酵母菌、隐球菌属、镰刀菌属、曲霉菌属等。耳念珠菌是最常见的侵袭性真菌感染,其耐药性已经广泛存在,对氟康唑、两性霉素 B、伏立康唑和卡泊芬净的耐药性日益加强。假丝酵母菌主要表现为对唑类药物的耐药性。早在1994 年,法国从艾滋病患者身上分离的假丝酵母菌中就有 10% 对氟康唑耐药。国内有资料显示,假丝酵母菌对咪康唑、酮康唑和益康唑的耐药率已分别达到31%、47% 及39%,对氟康唑的耐药率也在10% 左右。耐药性导致真菌感染治疗更加困难,治疗失败,治疗方案更昂贵,患者负担更重。世界卫生组织正在对全球真菌感染进行全面监测研究,拟出具有重要公共卫生意义的真菌病原体清单及抗真菌药物研发渠道分析报告。

第三节　微生物耐药的应对

抗微生物药物耐药性问题日益复杂,对全球公共卫生构成越来越严重的威胁。政府各部门和全社会需要协调行动,多方合作,联防联控,在设计和实施规划、政策、立法与研究方面进行沟通和合作,才能尽量减少抗微生物药物耐药性的出现和传播。

一、《抗微生物药物耐药性全球行动计划》

2015 年世界卫生大会期间提出《抗微生物药物耐药性全球行动计划》框架,并制订和实施了多部门、国家行动计划。随后,联合国粮食及农业组织和世界动物卫生组织的理事机构批准了《抗微生物药物耐药性全球行动计划》。为确保该计划取得可持续的全球进展,各国需制订跨部门、国家行动计划的经费预算和实施计划。我国 2016 年印发《遏制细菌耐药国家行动计划(2016—2020 年)》,提出到 2020 年零售药店凭处方销售抗菌药物基本达到全覆盖、人兽共用抗菌药物或易产生交叉耐药性的抗菌药物作为动物促生长应用逐步退出等目标。

各国元首在 2016 年 9 月纽约联合国大会上承诺举行联合国抗微生物药

物耐药性问题高级别会议,并邀请包括人类卫生、动物、植物和环境部门在内的各方参与。世界卫生组织通过"卫生一体化"的方式与联合国粮农组织和世界动物卫生组织密切合作,推广最佳做法,以降低并缓解抗微生物药物耐药性水平。联合国粮农组织、世界动物卫生组织和世界卫生组织设立了三方执行委员会,决定从2020年起将每年的11月18—24日设定为世界提高抗微生物药物认识周,通用的口号为"审慎对待抗微生物药物",扩大了世界提高抗生素认识周的范围,将"抗菌药物"改为范围更广、更具包容性的"抗微生物药物"。为提高全社会合理使用抗微生物药物的意识和水平,我国国家卫生健康委在11月18—24日组织开展了"2020年提高抗微生物药物认识周"活动,以"团结起来保护抗微生物药物"为主题,通过广泛宣传抗微生物药物合理使用知识,提高公众和医务人员对耐药危机的认识;牢固树立抗微生物药物合理使用的观念,减少不必要的药物使用,营造全社会关心、支持和参与抗微生物药物合理使用的良好氛围。

二、抗微生物药物使用和耐药性监测系统

世界卫生组织于2015年启动了抗微生物药物使用和耐药性全球监测系统,为各级微生物耐药性防控战略提供信息。欧盟各国、美国、加拿大、日本等近年来先后建立细菌耐药性监测系统,除致病菌的监测外,还扩大到整个环境微生物的耐药监测和传播机制研究,以获得耐药性基础数据,为耐药性风险评估提供科学依据。同时制定了耐药性风险评估规程或指南,开展释放评估、暴露评估、后果评估,分别描述耐药菌、耐药基因出现、暴露和引起不良后果的概率,预警其传播的速度与传播的规律,制定相应的预警、防控措施,为临床和养殖业科学使用抗生素提供指导。目前,我国开展的耐药监测主要有中国兽医药品监察所承担的动物源细菌耐药监测,国家卫生和健康委合理用药专家委员会开展的全国细菌耐药监测,国家食品安全风险评估中心开展的食源性致病菌耐药监测,中国科学院生态环境研究中心开展的环境耐药菌的分布研究,及国家卫健委组织的国家致病菌识别网的耐药监测等。与发达国家相比,我国耐药监测的"信息孤岛"现象严重,尚未形成食品、动物、临床、

环境的耐药大数据,也没有对耐药菌/耐药基因的分布、传播机制进行系统研究,还不能对抗生素耐药菌、耐药基因通过食物链暴露于人产生的健康影响和潜在不良作用进行科学评价,亟须整合各方优势,加强各部门之间的协作,建立统一的耐药性检测技术、方法标准,构建统一的网络化耐药数据库,提高监测数据的采集整理、统计分析、报告交流能力,开展耐药性风险评估方法研究,促进细菌耐药对食品安全和人群健康的风险评估工作的开展。

三、国家统一部署,联防联控,减缓微生物耐药

《生物安全法》明确提出,国家卫生健康、农业农村、林业草原、生态环境等主管部门和药品监督管理部门应当根据职责分工,评估抗微生物药物残留对人体健康、环境的危害,建立抗微生物药物污染物指标评价体系。国家加强对抗生素等抗微生物药物使用和残留的管理,支持应对微生物耐药的基础研究和科技攻关。县级以上人民政府卫生健康主管部门应当加强对医疗机构合理用药的指导和监督,采取措施防止抗微生物药物的不合理使用。县级以上人民政府农业农村、林业草原主管部门应当加强对农业生产中合理用药的指导和监督,采取措施防止抗微生物药物的不合理使用,降低在农业生产环境中的残留。

四、耐药应对的具体措施

1.加强对微生物耐药性、抗微生物药物使用和医院感染的监测

在做好国家耐药监测网等网点建设的同时,加大各省监测网的建设工作,实现数网联动,实时反馈各省耐药菌变迁、抗微生物药物使用量及合理应用和耐药菌医院感染状况,为防控措施的科学决策提供科学依据。

2.推进抗微生物药物合理应用工作

通过感染病、临床微生物实验室、医院感染等专业队伍建设,为抗微生物药物合理应用和科学化管理提供强大的技术支撑,通过制定临床用药指南和科学的管理目标,促进抗微生物药物的合理使用。

3.强化医院感染控制,减少耐药菌感染的发生

加强医院感染防控知识的宣传和培训,通过医院感染防控措施的评估和检查,确定预防感染的关键因素,制定包括手卫生、耐药菌筛查及隔离的流程、医院感染报告等内容的标准化规范,强化医院感染防控工作,减少耐药菌的发生和传播。

4.加快新抗微生物药物及病原诊断新方法的研发

针对近年来新抗微生物药物的研发进展缓慢、研发投入不足等问题,各国政府鼓励创新与合作,通过加快审批流程、适当减少临床研究病例数量和延长专利保护等措施,促进新抗微生物药物研发,满足耐药病原体感染治疗的需求。同时,鼓励临床病原体和耐药性的快速诊断方法的研究,推动感染性疾病精准诊治,减少抗微生物药物的不合理使用。

5.减少动物用抗菌药物的使用

制定兽用抗菌药物使用指南,禁止把抗菌药物作为动物生长促进剂在饲料中随意添加,对食用类动物中细菌耐药及抗生素残留情况进行持续监测,将动物预防用抗生素剂量降到最低。同时通过建立良好的消毒程序、注意通风设置、对牲畜进行必要疫苗注射等减少动物感染性疾病的发生。

6.加强微生物耐药危害的宣传工作

通过宣传,增加公众和专业人员对抗微生物药物耐药严峻形势的认识,强化抗微生物药物使用量和细菌耐药性趋势的宣传,举办各种形式的活动宣传抗微生物药物耐药性和耐药微生物医院感染危害,告诫公众遵从医生、药师医嘱服用抗微生物药物,全民参与微生物耐药的防控工作。

(吴蓓蓓、俞云松)

参考文献:

[1] World Health Organization. Antimicrobial resistance[R/OL].[2020-10-13].https://www.who.int/zh/news-room/fact-sheets/detail/antimicrobial-resistance.

[2]崔生辉,林兰,丁宏,等.耐药细菌产生与传播的原因[J].中华预防医学杂志,2011,11:

875-877.

［3］Jim O'Neill. Nature Reviews Drug Discovery［R/OL］.［2016-7-26］.https://www.nature.com/articles/nrd.2016.160.

［4］沈萍,陈向东.微生物学［M］.8版.北京:高等教育出版社,2016.

［5］World Health Organization. 2020 Global Tuberculosis Report［R/OL］.［2020-10-14］.https://apps.who.int/iris/bitstream/handle/10665/336069/9789240013131-eng.pdf.

［6］夏梦岩,白莉,朱志媛.常见耐药微生物及其特征的研究现状［J］.华北国防医药,2007,6:10-14.

［7］刘跃华,韩萌,冉素平,等.欧洲应对抗生素耐药问题的治理框架及行动方案［J］.中国医院药学杂志,2019,39(3):219-223.

第九章　生物武器与生物恐怖

生物武器(biological weapon)是指利用病原微生物或生物毒素来杀伤人、畜和毁坏农作物，以达成战争目的的一类武器。以生物武器为手段达到军事目的作战行动即生物战(biological war)。早期因主要是利用病原细菌研制生物武器，故也称细菌武器。生物武器传染性强，传播途径多，杀伤范围大，持续时间长，且难防难治，故有"瘟神"之称。在战争中，生物武器与核武器(nuclear weapon)、化学武器(chemical weapon)一同被列为大规模杀伤性武器，对人类和平与安全构成巨大威胁。但从长远看，更可怕的是生物武器。因为核武器的生产需要庞大的设备，化学武器的生产容易被发现和管控，而生物武器的制造在一个小小的实验室即可完成，目前还没有防止世界上所有的生物实验室非法进行生物武器研发的有效监督手段。

1975年3月，《禁止生物武器公约》生效。《禁止生物武器公约》目的有两个：消除生物武器的威胁和防止生物武器在全球的扩散。我国于1984年11月15日成为《禁止生物武器公约》缔约国，截至2020年4月，联合国193个成员国中已有183个国家成为《禁止生物武器公约》缔约国，还有10个国家没有加入，包括以色列、南苏丹、吉布提、乍得、科摩罗、纳米比亚、厄立特里亚、基里巴斯、密克罗尼西亚、图瓦卢。历史上，生物武器曾作为战争手段使用。冷战时期，美苏两国曾围绕生物武器研发展开了激烈的军备竞赛。2001年，美国拒绝《禁止生物武器公约》核查议定书后，导致该公约因没有核查机制而成了一纸空文。

生物恐怖是指故意使用病原微生物或生物毒素使人兽患病或死亡，旨在引起社会恐慌、经济损失而达到宗教或政治信仰等方面的恐怖主义行为。生物恐怖问题由来已久，但直到2001年美国"9·11"恐怖袭击事件后的"炭疽邮件"事件才引起世人的广泛关注。特别是生物高技术的日益普及、快速发展与应用，生物恐怖威胁的可能性越来越大。目前全世界大约有1500余个菌毒种库，并且有数不清的研究机构可以提供病原微生物或生物毒素，商业化培养基和发酵罐随处可买到。同时，生物武器扩散者也不限于有野心的国家，还包括诸如恐怖或邪教组织、民族分裂分子、犯罪组织以及其他破坏分子等非国家行为体。据统计，目前全球约有200余个恐怖组织具备发动生物恐怖袭击的能力，利用制备容易、使用方便、成本低廉的细菌、毒素发动生物恐怖袭击已成为恐怖活动的重要方式。

近年来肯尼亚、摩洛哥相继挫败了多起生物恐怖主义活动，英国最高法院对黑市贩卖蓖麻毒素行为提起了刑事诉讼，美国近10年发生了有超过15起涉及生物武器的刑事案件，这些无不说明随着恐怖主义在全球范围的蔓延，恐怖主义与生物武器结合的风险在不断加大，生物武器已从以往国家间扩散转向非国家行为体间的扩散。因此，生物恐怖主义（bioterrorism）已成为人类面对的最大威胁之一。

进入21世纪以来，围绕生物安全问题，国际社会已付诸巨大努力，但生物武器仍然禁而不止，生物恐怖已成为现实，新突发传染病层出不穷，生物技术的误用、谬用、滥用的风险令人担忧，全球生物安全形势日趋严峻。面对生物武器、生物恐怖、大规模传染病等多样化挑战，世界各国日益成为生物安全领域休戚与共的命运共同体。

第一节　生物武器

一、生物武器与生物战剂

生物武器是由生物战剂（biological warfare agent）和施放工具组成的杀伤

性武器。生物战剂是指病原微生物和生物毒素,施放工具包括媒介生物、飞行器等能够携带并投放生物战剂的载体,其中,生物战剂是生物武器的核心元件。

理论上,任何病原微生物或生物毒素都可以作为生物战剂,用于研发生物武器,并实施生物战攻击,但考虑武器本身的功能是杀伤或消灭敌方的作战力量,因此,并不是所有病原微生物或生物毒素都可以作为生物战剂和生物武器。通常情况下,生物战剂是那些致病性强或毒性高、传播速度快或潜伏期短,易于获取或生产制备的病原微生物或生物毒素。作为生物战剂的基本条件包括:(1)容易获取和大规模制备;(2)有传染性,可导致人与人之间的传播;(3)高毒性,潜伏期短,可快速发挥作用;(4)发生后,需要医疗卫生系统的特殊准备才能应对。这些病原微生物和生物毒素包括:天花病毒、埃博拉病毒、马尔堡病毒、拉沙病毒、炭疽芽孢杆菌、鼠疫耶尔森菌、土拉弗朗西斯菌,以及肉毒毒素、葡萄球菌肠毒素B和蓖麻毒素等。

根据来源,生物战剂的种类包括病毒战剂、细菌战剂、毒素战剂、真菌战剂等,具体列于表9-1。根据危害程度,生物战剂分为致死性战剂和失能性战剂(见表9-2)。致死性生物战剂的病死率通常在10%以上,甚至高达50%以上,其毒性远高于化学战剂,吸入少量即可使人兽致病并死亡;失能性生物战剂的病死率一般在10%以下,可使人兽短时间内丧失某些身体机能。根据生物战剂是否具有传染性,也可将其分为传染性生物战剂和非传染性生物战剂(见表9-3)。

表9-1 生物战剂的类型及主要种类

生物战剂类型	主要种类
细菌战剂	炭疽芽孢杆菌、鼠疫耶尔森菌、鼻疽伯克霍尔德菌、类鼻疽伯克霍尔德菌、布鲁氏菌、土拉弗朗西斯菌、霍乱弧菌等,以及贝氏柯克斯体、斑疹伤寒立克次体、立氏立克次体、鹦鹉热衣原体等
病毒战剂	天花病毒、黄热病毒、东部马脑炎病毒、西部马脑炎病毒、委内瑞拉马脑炎病毒等
生物毒素战剂	肉毒毒素、葡萄球菌肠毒素、蓖麻毒素、石房蛤毒素等
真菌战剂	荚膜组织胞浆菌、粗球孢子菌

表9-2　生物战剂的危害程度分类

危害程度	主要种类
致死性生物战剂	炭疽芽孢杆菌、霍乱弧菌、土拉弗朗西斯菌、伤寒沙门菌、天花病毒、黄热病毒、东部马脑炎病毒、西部马脑炎病毒、斑疹伤寒立克次体、肉毒毒素等
失能性生物战剂	布鲁氏菌、贝氏柯克斯体、委内瑞拉马脑炎病毒等

表9-3　生物战剂的传染性分类

传染性	主要种类
传染性生物战剂	天花病毒、鼠疫耶尔森菌、霍乱弧菌等
非传染性生物战剂	土拉弗朗西斯菌、肉毒毒素、蓖麻毒素等

二、生物武器的特点与危害

生物武器的袭击方式通常是将生物战剂雾化或者秘密投放于食物、水源中，使目标人群吸入或摄入，前者通过呼吸道感染，后者通过消化道感染。例如，人兽吸入生物战剂污染的空气，食用被污染的水、食物，被携带生物战剂媒介生物叮咬等，生物战剂直接入侵人兽的皮肤、黏膜、伤口等，均可引起感染或中毒致病。其中危害最大的施放方式是气溶胶施放。气溶胶是由固体或液体小质点分散并悬浮在气体介质中形成的胶体分散体系，又称气体分散体系。其分散相为固体或液体小质点，其大小为 $10^{-3} \sim 10^{-7}$ 厘米，分散介质为气体。微粒中含有微生物或生物大分子等生物物质的气溶胶称为生物气溶胶（bioaerosol）。20世纪60年代以后，苏联等国先后发展出气溶胶的投送方式，即将生物战剂雾化成为生物气溶胶，再用飞机、军舰、炮弹等运载工具进行播撒。此后生物武器的投送才达到了化学武器的投送水平。

生物武器与其他类型的武器相比，自身具有鲜明的特点。

1.传染性强，杀伤力大

组成生物武器的生物战剂多数为传染性病原微生物或高毒性的生物毒素，少量即可使人兽患病或中毒致病。在缺乏防护、人员密集、卫生条件差的地区，极易蔓延传播，引起传染病流行。直接喷洒的生物气溶胶可随风飘到

较远地区,其杀伤范围可达数百至数千平方千米,污染面积极大。在适当条件下一些生物战剂存活时间较长,不易被侦察发现。例如炭疽芽孢具有很强的生命力,其芽孢可以在土壤中存活70年之久,即使死亡多年的动物朽尸也可成为传染源,极难根除。

2. 隐蔽性强,危害时间长

生物战剂引发的传染病通常具有潜伏期,发病时间可能会在释放后的数小时至数天,这个时间间隔不好判断,而这期间也增加了传播的风险。潜伏期长的如布鲁氏菌为1~3周甚至数月,Q热的病原贝氏柯克斯体也长达2~4周。有的病原体感染后潜伏期只有1~3天,如霍乱等,而生物毒素类恐怖剂的潜伏期仅有几个小时。即使及时发现了袭击事件,也需要与自然发生的疾病状况相甄别。

3. 战争成本低,毁伤效果大

据相关资料,1969年联合国化学生物战专家组统计数据显示了当时每平方千米导致50%死亡率的各种武器成本,传统武器为2000美元,核武器为800美元,化学武器为600美元,而生物武器仅为1美元,所以有人将生物武器形容为"廉价的原子弹"。虽然成本低,但是生物武器的毁伤效果却很大,生物武器的传播会导致社会焦虑和社会恐慌,威胁一国政治合法性。

4. 影响因素多,定向控制性差

生物武器具有明显的局限性。首先,构成生物武器主要元件的生物战剂必须是活的病原微生物和有毒性的生物毒素,其储存、装填、转运和投放时都必须保持生物活性。因此,生物武器的作用效果易受地形地貌,以及烈日、风向、雨雪等多种环境因素的影响。其次,生物武器使用时不易控制,使用不当可危及使用者本身,并且杀伤效果也难以预测。一个难以控制和预测杀伤效果的武器是不适合进行针对性攻击的,所以,近代战争历史上生物武器从未取得过有规模的作战效果。

三、生物武器的发展与使用

从原始到现代,人类社会曾多次遭受生物武器危害并造成大量伤亡,严重威胁国家安全和社会稳定。生物武器的发展经历了原始的"就地取材,因势利导"阶段,和现代生物技术加持之下有意识地制造与改造的阶段。

1.生物武器的原始发展阶段

很早之前,在对于传染病的认知尚不明确的情况下,人们已经懂得依据经验使用生物武器,谋求国家或族群的利益。人类历史上最早利用生物武器进行的战争可以追溯到我国的汉朝。史料记载,在汉武帝后期的汉匈之战中,匈奴人便使用了生物武器。当时由于汉军攻势猛烈,匈奴便在汉军必经的道路和水源处埋设了牛羊的尸体,从而成功阻挡了汉军前进的脚步。汉军接触或饮用过被牛羊尸体污染的水源后,大范围感染疫情,军队丧失战斗力,不战而败。那些被埋设的牛羊便是做过特殊毒化处理的生物武器。

1346年,蒙古军队大举围攻意大利热那亚人在黑海港口设立的商业据点——卡法城(今费奥多西亚),连续3年都没有攻克下来。鞑靼人用投石机把瘟疫受害者腐烂的尸体弹射到被围困的卡法城里,随后鼠疫便开始在城内传染开来,大批大批的人死在了这个被围困的城市内。幸存的热那亚人乘坐轮船从海上逃亡,最后到达意大利的热那亚港,活下来的人不足三分之一。随着感染者下船,其携带的鼠疫耶尔森菌也被播散到了意大利各地,最终感染遍及整个欧洲。这就是14世纪40年代欧洲爆发的"黑死病"。据估计,中世纪欧洲总人口的30%～60%都死于这场瘟疫,一直到18世纪这种细菌才从欧洲消失。

1763年,英国殖民者入侵今天的加拿大地区,遭到当地印第安人的激烈反抗。英国驻北美的指挥官阿姆赫斯特以和谈为借口,送给印第安人一批毛毯、手帕等纺织品作为礼物。那些毛毯和手帕是英军专门从医院调过来的天花病人用过的物品。不久之后,印第安人陆续发病,大部分人在痛苦中死去,活下来的人也丧失了战斗力。英国殖民者不战而胜,占领了印第安人的地盘。

2.生物武器的现代发展阶段

进入20世纪后,现代生物技术发展促进了生物武器的开发与研制,大体经历了三个发展阶段。第一个阶段是在20世纪初至第一次世界大战结束,这是生物武器研制的启蒙阶段,主要研制者是德国。这一时期生物武器的研发思想是追求杀伤力大、致病损伤后果越严重越好。技术方法主要是依赖20世纪初微生物学（细菌学）的发展，直接采取自然界中破坏力强大的细菌等病原微生物。这一阶段的特点是生产规模较小，施放方法相对简单，主要将动物作为攻击对象，通过间谍释放病原细菌污染水源或者饲料、食物等，以此干扰敌军执行任务和后勤运输。例如，在第一次世界大战期间，德国间谍就用马鼻疽菌感染了协约国运送武器的骡子，从而影响了协约国军队的作战行动。

第二阶段为20世纪30—70年代，生物武器的研发思想开始发生变化，虽然仍不排除致死性、传染性等杀伤力大的研发目的，但提出了失能性生物战剂的新理念。技术方法还是利用传统的细菌学分离培养技术，直接从自然界中获取那些致病性强，或致病性弱但潜伏期短的病原微生物进行生物武器的研发。这一时期发展特点是生物战剂种类逐渐增多、生产规模不断扩大，生产规模从固体培养生产转变为用大型发酵罐生产。使用方式以飞机播撒带有生物战剂的媒介生物及啮齿类动物替代以前的人工释放方式，生物武器的攻击方式发生了明显变化，使得污染的覆盖面积增大、杀伤效应增强。这一时期也是历史上生物武器研究及使用最多的时期，主要研制的国家有日本、美国、英国、苏联等。

将生物武器大规模用于战场的是日本军国主义，即以石井四郎为首的黑太阳731部队。他们在侵华战争中使用的生物战剂主要有导致伤寒、副伤寒、霍乱、菌痢、炭疽、马鼻疽、鼠疫、破伤风、气性坏疽等的病原微生物，通过投放细菌炸弹、飞机喷雾和人工散布等方式实施。731部队甚至进行人体实验，包括活体解剖和细菌感染，以研究各种生物战剂的杀伤效果。据史料记载，日本生物武器试验的受害者主要有两种：一种受害者是被逮捕的中国抗日人士和平民，以及苏联人、蒙古人和韩国人等，被731部队当作实验动物强制进行生物战剂感染的实验研究，感染途径包括口服、注射、媒介昆虫叮咬、爆炸后的气溶胶暴露等。大部分受害者感染后立即死亡，少量幸存者被残忍地进行了活体解剖，以记录不同病原微生物的感染效果。第二种受害者是中国平民和抗日官兵，20世纪30—40年代，731部队生产制备了大量的鼠疫耶尔森菌，用这些鼠疫菌感染跳蚤，再将带菌的跳蚤通过飞机投放在人群密集的地方，导致中国20多个省市暴发了人间和鼠间的鼠疫大流行,造成20多万军民感染死亡。

研究资料表明,美国在朝鲜战争中实施了大规模的长时间的细菌战。1952年朝鲜战争进入僵持阶段,2月28日,中国外交部抗议美国飞机在三八线中国50军团上空投放细菌弹。中国外交部声明称:从2月29日起至3月5日止,美军出动飞机68批448架次先后侵入中国东北领空,并在抚顺、新民、安东、宽甸、临江等地投放了大量的带菌动物和昆虫。经过防疫部队的检疫,这些昆虫和动物带有以下致命细菌和病毒:鼠疫耶尔森菌、霍乱弧菌、炭疽杆菌、伤寒沙门菌、脑膜炎球菌、志贺菌等。美军多选择在大规模轰炸之后的时机进行投放,因为这是朝鲜人和中国人将要抢救伤员的时间,这样不仅伤员容易感染病菌,医务人员和返回的百姓也可能被感染。此外,美军还将感染细菌的家禽、小动物、粮食、糖果等投放到人口集中的地区,以便杀伤更多的饥饿平民。

到20世纪70年代中期,DNA重组技术的发展与应用不仅有利于生物战剂的大量生产,而且为研制适用于生物战要求的生物战剂创造了必要条件,使生物武器发展迈进了第三个阶段,即基因武器阶段。基因武器是指利用基因工程技术研制的新型生物战剂,又被称作第三代生物战剂。它通过基因工程技术改造、合成新的生物剂,制造出具有高致病性、高传染性,或高耐药性、超低免疫性的病原微生物和高毒性的生物毒素。基因武器将是现代新概念武器的又一发展方向,它既有巨大打击力,又有战略威慑力,一旦应用会给人类带来毁灭性灾难,故基因武器也被称为“末日武器”。长远来看,拥有基因武器的一方,会给对方造成极大的心理压力,甚至可以达到“不战而屈人之兵”的目的。

基因武器已经成为各国博弈的一个重要领域,西方国家并没有停止生物武器研究的步伐,而是在新的起点上研发更为先进的生物武器,试图取得不对称的军事优势。位于马里兰州的美国军事医学研究所就长期从事诸如基因武器等生物武器研究,英国政府管辖下的化学及生物防疫中心也一直在对转基因超级病毒开展研究,德国军方正在研制一种可耐多种抗生素的生物武器。

四、未来生物战的模式及特点

因为《禁止生物武器公约》的存在,作为大规模杀伤性武器之一的生物武器,一直被国际社会所禁止研发与使用,且一旦使用会遭到强烈谴责与反对,失去国际社会的同情和支持。传统的生物战是通过间谍或飞机投放生物武器、气溶胶等手段施放生物武器,造成敌方军队及其所在地区传染病流行、人兽中毒或农作物大面积死亡,从而达到削弱敌方战斗力,破坏其战争潜力的目的。在未来的战争中,这种传统的生物战形式将被摈弃,取而代之的是传染病疫情和疾病模式,或者说将人为疫情伪装成自然发生的疫情。也可以利用转基因技术将转基因产品如食品用于军事战略用途,制造人为的生物灾害,如破坏人的功能系统和生物进化秩序等。还可以是以利用外来生物入侵的方式,破坏生态环境,使农业生产遭受灭顶之灾。

与传统的生物战相比,未来生物战具有隐蔽性更强、溯源性更难、危害影响面更广等特点。(1)隐蔽性更强,很难在自然发生和人为制造之间做出准确区分。(2)溯源性更难,只有制造者才知道致病(毒)基因的遗传密码,很难在短期内鉴定出生物战剂的来源。(3)危害影响面更广,传统生物战的影响只局限在战场,而未来生物战除了在军事战场削弱战斗力外,还将扩大到社会战场、经济战场和政治战场,严重危害民众健康、经济贸易以及社会秩序、政权稳定等。

第二节　生物恐怖

一、恐怖袭击与生物恐怖

恐怖袭击是指故意使用无差别的暴力来制造恐惧和恐怖,从而实现意识形态、宗教或政治目的的行为。恐怖袭击的目标经常是非军事目标,即平民、民用建筑或民用设施。恐怖袭击的方式包括但不限于生物、化学、核爆炸。

生物恐怖是指故意使用病原微生物或生物毒素导致人及动植物的损伤或死亡,旨在引起社会分裂、群体恐慌、经济损失,从而达到意识形态、宗教或政治信仰等方面的恐怖主义诉求。用于恐怖袭击的病原微生物或生物毒素也被称为生物恐怖剂,并且与生物战剂一样,包括病毒、细菌、毒素、真菌等,它们可能是自然产生的,也可能是人为修饰改变的。

二、生物恐怖的发展历史

生物恐怖主义最初却是建立在各国主动开展的生物武器计划之上的。据报道在20世纪70年代早期,左翼恐怖组织"地下气象员"曾胁迫一名在德特里克堡美国陆军传染病医学研究所工作的军官为他们提供能够污染美国城市供水的病原微生物。这名军官在试图获取与其本职研究工作无关的几种生物样本时,被其他工作人员发现,这才揭穿了左翼恐怖组织"地下气象员"的恐怖阴谋。此外,还有几项图谋未遂的事件。在过去的100年里,国际社会经历了针对平民的多种恐怖主义和生物恐怖主义行为。

1972年,右翼组织"旭日东升令"(Order of the Rising Sun)的成员被发现持有30~40千克伤寒杆菌培养物,据称这些细菌原本打算被用于污染中西部几个城市的供水。

1975年,恐怖组织"共生解放军"(Symbionese Liberation Army)被发现持有关于如何生产生物武器的技术手册。

1980年,据报道,在巴黎发现的恐怖组织"红色军团"(Red Army Faction)的一个藏身处中有一个存留了大量肉毒杆菌及其肉毒毒素的实验室。

1983年,美国联邦调查局在美国东北部逮捕了两兄弟,罪名是拥有少量的高纯度蓖麻毒素。

1984年,在美国俄勒冈州的一个小镇上,罗杰尼希邪教组织(Rajneeshpuram)的追随者为了影响当地的选举,将从美国典型菌种保藏中心(American Type Culture Collection,ATCC)获得的鼠伤寒沙门菌菌株,在其社区医疗诊所进行了培养放大,然后用鼠伤寒沙门菌的培养液污染了多家餐馆的蔬菜沙拉,最终导致750余人感染,45人住院治疗。这是自1945年以来美国历史上有记载

的2次规模最大的生物恐怖袭击事件之一。

1989年，在巴黎发现了一个生产肉毒毒素的家庭实验室，该实验室与德国的"巴德与梅因霍夫帮"有所关联。

1991年，美国明尼苏达州的反政府极端组织"爱国者委员会"（Patriots Council）的四名成员因密谋用蓖麻毒素杀死一名联邦法警而被捕。该极端组织计划将自制的蓖麻毒素与一种加速吸收的化学物质（二甲基亚砜）混合，然后涂抹在联邦法警的汽车门把手上。然而该计划最终败露，四名男子全部被捕，并成为第一起根据1989年美国《生物武器反恐法案》被起诉的案例。

1995年，奥姆真理教因其成员向东京地铁释放沙林毒气而臭名昭著。然而，许多人不知道的是，该组织至少在其他10个场合研制并尝试使用生物战剂，包括炭疽热、Q热、埃博拉病毒和肉毒毒素。尽管多次进行了生物战剂施放试验，但总的来说，该组织在使用生物战剂方面是失败的。

2001年，美国发生一起为期数周的白色粉末邮件生物恐怖袭击。从2001年9月18日开始有人把含有炭疽杆菌芽孢的信件寄给数个新闻媒体办公室及两名民主党参议员。这个事件导致5人死亡，22人被感染。

自2001年美国"炭疽邮件"事件发生以来，发生了数起涉及蓖麻毒素的小规模袭击事件。2003年，几封含有蓖麻毒素的信件在南卡罗来纳州格林维尔的邮件分拣中心被截获。信中还附有一张署名为"堕天使"的字条。2004年，参议员比尔·弗里斯特的办公室又收到了一些蓖麻毒素。一些联邦调查局人员认为，这起事件可能与"堕天使"有关，但目前仍未找到这两次生物犯罪事件嫌疑人的相关线索。2013年，蓖麻毒素被送到时任美国总统贝拉克·奥巴马和纽约市市长迈克尔·布隆伯格手中。随后，一名来自路易斯安那州什里夫波特的女性因此次生物犯罪而被捕，并被控以数项罪名。同年，在分别寄给美国总统贝拉克·奥巴马、密西西比州参议员罗杰·威克和密西西比州法官赛迪·霍兰德的信封里发现了蓖麻毒素粉末。经过调查发现，寄信人为一名密西西比州图珀洛的男性。最终，该男子被判处25年监禁。

2018年6月，一名受极端主义思想影响的嫌疑人企图利用蓖麻毒素制作生物炸弹在德国第四大城市科隆发动恐怖袭击。警方搜查他在科隆的住处时,发现了3150颗蓖麻籽和84.3毫克蓖麻毒素。

2020年9月,在发给时任美国总统特朗普的一封邮件中被查出含有蓖麻毒素。

近年来,我国虽然尚未发生规模性的生物恐怖袭击事件,但2013年天津白色粉末快件致12人中毒等多起"白色粉末"事件表明,我国也面临着生物恐怖袭击的现实威胁。

三、生物恐怖袭击的方式

生物恐怖袭击的实施不一定使用生物武器,它的规模可能很小,使用的手段比较多样。袭击的方式通常是将生物恐怖剂雾化或者秘密投放于食物或者水源中,使目标人群吸入或吞咽足以达到致病剂量的毒剂,前者通过呼吸道感染,后者通过消化道感染。其中危害最大的施放方式是气溶胶施放。

1.气溶胶施放

气溶胶是由固体或液体小质点分散并悬浮在气体介质中形成的胶体分散体系,又称气体分散体系。其分散相为固体或液体小质点,其大小为1纳米~10微米,分散介质为气体。微粒中含有微生物或生物大分子等生物物质的气溶胶被称为生物气溶胶。20世纪50年代以后,美国曾在城市中进行细菌气溶胶的模拟投送实验,即将生物战剂雾化成为生物气溶胶,再用飞机、军舰、炮弹等运载工具进行播撒。此后生物武器的投送才达到了化学武器的投送水平。在生物恐怖袭击中,将雾化装置安装在交通工具上进行气溶胶施放,施放路径会形成一条线状污染带,此为线源(line-source)施放;将雾化装置固定在一定位置进行施放,此为点源(point-source)施放。污染范围取决于风速、风向、气象条件、地形、植被,以及病原体自身特性等因素。

2.污染食物或水源

这也是常见的生物恐怖手段,这种污染首先是感染接触者,然后由于一些病原微生物可以导致人与人之间传播扩散,而引起社会恐慌。如果袭击地点选择在人流较多的餐馆,可能会造成大范围的感染事件。例如1984年,罗杰尼希的追随者在俄勒冈州的一个小镇上,用鼠伤寒沙门菌污染了多个餐馆

的蔬菜沙拉,导致750余人感染。

3.污染空调系统

如果将生物恐怖剂干粉施放于空调系统入口处,生物恐怖剂气溶胶就会随空调风污染整栋大楼,楼内人员都有可能被感染或中毒。这种方式施放的生物恐怖虽然楼内污染程度最高,但不能排除楼外被污染的可能性,而且还给洗消带来非常大的麻烦。1949年美国生物武器研究人员曾伪装成维修工进入五角大楼,并将非传染性细菌释放到该建筑的管道中,以评估大型建筑物内的人是否容易受到生物武器攻击的影响。这一试验成功揭示了利用细菌进行小规模破坏活动的可行性。

4.人体"炸弹"

如果恐怖分子个人或集体故意感染呼吸道传播的烈性病原(如天花、鼠疫等),在潜伏期旅行到目的地国家或特定场所进行人体"炸弹"式传播,也同样会造成社会的极度恐慌。尤其是在飞机、高铁等密闭的交通工具中,很容易造成超级传播事件的发生。

5.定点投放

通过各种手段投放在报复对象的办公场所、家庭等局部,以达到恐怖报复的目的。比如,1996年某大型医疗中心实验室员工出于报复性目的,将志贺菌投放在自制的糕点中赠送给同事,造成实验室中12名同事感染急性细菌性痢疾。这类事件也可被称为"生物犯罪"(biocrime)。1978年,保加利亚特工用一把内置有蓖麻毒素的"雨伞枪"刺杀了潜逃到巴黎的保加利亚作家乔治·马可夫。该次著名的"毒雨伞"事件可以被称为"生物暗杀"。广义上来说,生物犯罪和生物暗杀都可归为生物恐怖范畴。

四、生物恐怖袭击的特点

1.隐蔽性

生物恐怖袭击不需要太多的特殊装备与手段,具有相当高的隐蔽性。相较而言,枪支弹药等常规武器的检测手段和检测装置比较多,而生物恐怖材料的侦检就更加困难。生物恐怖剂通常无色、无臭、难以察觉,也不容易被仪器侦测到,它可以放在食物、饮料、手提包中,甚至可以放在信封中邮寄,用常规手段难以侦检。此外,生物威胁事件的发生都是在隐秘中进行的,多以自然发生的疫情和中毒疾病形式出现,很难在自然发生和人为制造之间做出准确判断。

2.潜伏性

恐怖分子之所以选择使用生物剂,一个重要的原因是生物剂的使用不容易被发现。生物剂引发的传染病通常具有潜伏期,发病时间可能会在释放后的数小时至数天,这个时间间隔不好判断,而这期间也增加了传播的风险。

3.传播范围广,后果严重

细菌、真菌、病毒等生物恐怖剂可以在人体内繁殖,在人群中传播,其实际的感染范围可能比最初的释放范围要大得多。并且经过基因工程手段在实验室人工改造后的生物恐怖剂,其传播能力、抵抗恶劣环境的能力、抗生素抗性以及致病能力可能被提升,生物恐怖袭击的后果可能更严重。

4.溯源难

生物恐怖剂的溯源需要在事件的早期采集大量生物个体标本、中间宿主标本及环境标本。由于其隐蔽性及潜伏性,事件通常发展了一段时间才会引起人们的注意和察觉,给溯源造成了很大的困难。比如SARS病毒经过十几年的研究和溯源,只是在蝙蝠身上发现了类似的病毒,仍然无法确定其真正的来源,更无法确定事件起始的传播链条。

五、生物恐怖袭击的危害或后果

生物恐怖袭击的目标主要是平民、民用建筑及民用设施等,旨在造成大范围的恐慌,从而达到诉求。生物恐怖袭击可以大量消耗被袭击方的人力和物力,尤其是医疗资源,同时在被袭击方的人群中引起恐慌。

1.人员损伤

致死性恐怖剂通常具有较强的致病性,能引起受袭方大量人员的死伤。非传染性恐怖剂感染人体引起疾病,但一般不在人群中扩散,如各种毒素、炭疽杆菌和土拉杆菌等。而传染性恐怖剂造成的后果要比非传染性恐怖剂严重得多,使得受罹者不仅局限于第一时间受到袭击的人员,还可能由感染者传染给医护人员及其他民众,从而发生进一步的传播、蔓延。这种生物威胁因子可以造成长期危害和污染。实际上,大部分生物恐怖剂病原都是具有传染性的。如果恐怖分子使用的生物恐怖剂是通过基因工程改造的抗性菌毒株,或毒力增强的病原体,那么已有的药物或治疗手段可能会无效或者效果不佳。大部分毒素缺乏有效的治疗药物,而大部分病毒基本没有特效药,都给救治工作带来巨大的挑战。

2.社会恐慌

生物恐怖袭击不仅造成显而易见的临床症状和死亡,其造成的恐慌也是不言而喻的。一次生物恐怖袭击成功与否,以是否引起社会冲突和恐慌来评价,而不能仅仅以死伤人数来评价。即使伤亡人数可能有限,但是生物恐怖袭击所造成的影响依然可能是巨大的。人们对于威胁的恐惧有时并不在于其真正发生时所产生的后果,而是在于其发生的不可预知性,从而带来严重的社会心理问题。恐慌还能导致人群出现非理性行为,如暴乱、抢劫、抢购等。如多个国家在新型冠状病毒疫情期间,曾出现居民抢购食品、抢购口罩及药物的现象。甚至有人因恐慌过度服药死亡。2001年9月11日的恐怖袭击后不到一个月,含有炭疽杆菌芽孢的邮件经由美国邮政递送,导致在2001年10月4日至11月20日之间,总共确诊22人感染炭疽,其中5人因肺炭疽而死亡。此次事件还对社会生活造成了巨大的影响,甚至改变了人们的一些生活方式,比如增加了公共场所的安全检查和大型活动的安全保障。另外该事件对人们的心理造成了巨大的冲击,直至现在人们依然会谈"白色粉末""可疑包裹"而色变。

3.医疗负荷

由于生物恐怖袭击面积效应大、危害时间长、具有传染性、不易被及时发现,短期内可能出现大量患者,给医疗体系和社会保障体系带来巨大挑战。生物袭击在经过潜伏期以后,可能突然出现大批病人,呈疾病暴发流行态势,需要消耗大量疫苗、药物、检测试剂、防护装备、医疗用品和设备,以及训练有素的医护人员等医疗卫生资源。由于药物、设备及其他医疗物资的生产产能有限,且需要一定的周期,加之生产企业的员工也可能因为疫情的出现而无法进行生产活动,势必会造成医疗资源难以为继,甚至崩溃。医疗体系的不堪重负又会降低疫情的防控效果和加剧疫情对生命的威胁,通常造成暴发期较高的死亡率。

4.环境污染

在特定的条件下,有些生物恐怖剂可以长期存在,例如霍乱弧菌在20℃的水中能存活40天以上,Q热的病原贝氏柯克斯体在金属、玻璃或木材表面能存活数周之久,而真菌的孢子和炭疽的芽孢存活时间则更长。有些生物恐怖剂病原可以在媒介生物如节肢动物和啮齿动物体内繁殖并代代相传,而如果遭受袭击的地区存在该病原的易感动物和传播媒介,在条件具备的情况下,还可能形成新的自然疫源地。1943年英国科学家在苏格兰海岸附近的格鲁伊纳岛开展炭疽芽孢的实验。岛上残存的芽孢污染对这座岛屿造成了长达数十年的影响,直到对其实施了一项全面有效的污染净化方案,该岛才重新变得适于居住。

5.社会经济发展

生物恐怖袭击可以通过感染家畜和农作物,或者污染建筑物,给社会造成巨大的经济损失。比如口蹄疫、牛瘟、新城疫等疾病的暴发,会使暴发国家的动物、肉类和衍生产品被禁止出口,造成重大经济损失。2001年美国的"炭疽邮件"事件发生之后,美国政府仅在对污染建筑物进行消毒处理方面,就花费了3.2亿美元。此外,世界经济活动的全球化,使世界各国和地区之间的经济活动相互依存、相互关联,形成世界范围内的有机整体。现在世界500强大公司中几乎找不出一家企业是完全在国内生产、在国内销售的,都是拥有遍及全球网点的超级企业。一个细小的经济事件都会由于"蝴蝶效应"的传导机制,而发生灾难性的后果。生物恐怖等生物威胁事件的出现,势必会造成一定范围内的停工停产,和不同程度的消费疲软。由于金融市场的稳定极易受到突发事件的干扰,生物恐怖事件的出现还有可能造成人们对经济发展的信心降低,进而引发金融市场剧烈震荡,甚至引发经济衰退或经济危机。

第三节　应对措施

针对生物武器和生物恐怖的威胁持续存在并日益凸显的形势,应坚持"军民结合、寓军于民"的科技发展方针,按照"顶层设计、统筹规划,系统集成、完善机制"的原则,不断加强生物安全科技支撑能力建设,实现国家生物安全能力的跨越式发展。

一、加强组织管理,统筹规划生物安全科技研究体系

生物安全防御科研是一项系统工程,专业技术复杂,工作难度大,是一项事关全局、事关长远、事关国家安全的战略措施,需要加强系统筹划和总体部署。针对我国生物安全能力建设面临的严峻形势,应成立生物安全科技领导小组,设立专职办公和咨询机构,加强顶层设计,制定统一的研究规划,重点选择工作基础好、设施完备、实力雄厚、管理严格到位的专职科研机构进行指令性研究,集中解决关键技术问题,避免低水平重复。把完成科研任务与承担应急处置任务相结合,避免研发和应用脱节,并组织独立的专家委员会对项目执行和完成情况进行评估。

二、强化信息安全,避免相关技术和科研成果泄露

准确、及时的情报搜集系统和严密、安全的信息保密系统,往往能对战略格局产生重要而深远的影响。因此,要切实加强生防科技情报的搜集汇总和追踪调研,掌握外军生物武器防护技术装备研发的最新进展,为我军开展相关研究提供借鉴和依据。生物危害防御与应急技术是处置各类生物危害事件的保障和关键,在国际上也非常敏感。出于政治原因和安全考虑,对涉及生物危害防御的技术装备和生物资源必须严格保密,严防泄露。

三、推动军民融合，完善生物防御储备与动员机制

不断加强军民融合与军地协同，建立有效动员机制，建立生防技术装备和疫苗药品的绿色通道，确保一旦出现重要疫情或突发公共卫生事件，能够在最短时间内筹措急需物资装备，形成快速反应能力和生防处置能力。同时，加强已有生防研究成果的系统集成和转化应用，完善生防疫苗药品、消毒药剂、装备器材等物资的储备机制，纳入军队与国家储备计划，推动生防技术装备向反恐战斗力和实战保障力转变。

四、促进学科交叉，打造业务精湛的专业人才团队

生防科技是一项大科学工程，其中重大基础性科学问题，需要微生物学、免疫学、化学、生物医学工程和微电子等多学科配合；生物气溶胶采样、大气生物气溶胶本底检测、生物战剂的免疫与核酸测定、生物信息分析、数据信号传输与处理、生物气溶胶实时监测和生物传感器等生防关键技术与装备研发，都依赖于多学科协同攻关。因此，应进一步加强免疫学、生物信息学、生物医学工程等学科的交叉融合，突破生防科技技术瓶颈。同时，生防科研涉及专业面广、技术难度大、周期长，需要一支政治可靠、业务精湛的专业人才队伍，特别是既能搞科学研究又能解决实际问题的复合型人才，所以要不断加强生物医学防护专业人员的技能培训，将部队、专业分队的生防训练内容列入相应的训练大纲和教学大纲，培养生防领域的高端专业人才。

五、注重系统整合，构建生防科技支撑基础与技术平台

着眼生物防御整体需求，集中财力，有选择、有重点地建设生物防御研究和技术支撑基地。针对病原学和免疫学重大基础性科学问题，系统开展免疫保护机制、变异重组机制、跨种传播机制、致病机制、流行规律研究，推动生防能力的整体提升。积极构建生物信息学、抗病毒药物筛选、大规模基因测序、疫苗评价等高水平的技术平台。同时，重视加强菌毒种库、细胞库、基因库、抗体库等生物资源库规范化建设，保障生物安全防御研究的可持续发展。坚

持自主创新,针对侦察报警、检测鉴定、高通量筛查、病原监测与溯源追踪,以及新型疫苗研制、广谱抗病毒药物研发等生物安全防御研究领域的关键环节,研发管用、实用的关键技术和生物安全防御装备,进一步提升国家应对生物战和生物恐怖的防控能力。

（王景林、辛文文、康琳）

参考文献:

[1]陈家曾,俞如旺.生物武器及其发展态势[J].生物学教学,2020,45(6):5-7.

[2]邓双全,魏东.基因武器:可怕的新型生物战剂[J].世界知识,2003,21:52-53.

[3]贺福初,高福锁.大力推动军事医学科技自主创新[J].求是杂志,2011,20:57-59.

[4]J.R.瑞安.生物安全与生物恐怖,李晋涛,邱民月,叶楠,等,编译[M].北京:科学出版社,2020.

[5]刘水文,姬军生.我国生物安全形势及对策思考[J].传染病信息,2017,30(3):179-181.

[6]陆兵,王华,靳晓军.关于联邦调查局在调查2001年炭疽邮件事件期间所使用科学方法的审查结果[M].北京:军事医学出版社,2017.

[7]罗孝如.国防生物安全的"矛"与"盾"[J].军事文摘,2020,6:51-55.

[8]万佩华.基因武器的威力[J].生命与灾害,2019,6:26-29.

[9]夏晓东,王磊.全球生物安全发展报告2016年度[M].北京:军事医学出版社,2017.

[10]杨瑞馥.防生物危害医学[M].北京:军事医学出版社,2008.

[11]张小兵.朝鲜战争中美国使用生物武器新说[J].榆林学院学报,2005,15(1):56-59.

[12]BARRAS V,GREUB G.History of biological warfare and bioterrorism[J].Clin Microbiol Infect.2014,20(6):497-502.

[13]JANSEN H J,BREEVELD F J,STIJNIS C,etal.Biological warfare,bioterrorism,and biocrime[J].Clin Microbiol Infect.2014,20(6):488-496.

[14]Powell M. An introduction-biothreats and biodefense[EB/OL].[2020-12-08].https://www.id-hub.com/2018/01/23/an-introduction-biothreats-and-biodefense/.

[15]WILLIAMS M,SIZEMORE D C.Biologic,Chemical,and Radiation Terrorism Review[M].Treasure Island,Stat Pearls Publishing.2020.

［16］ZILINSKAS R A.A brief history of biological weapons programmes and the use of animal pathogens as biological warfare agents［J］.Rev Sci Tech.2017,36（2）:415-422.

［17］MAYOR A.GREEK Fire,POISON Arrows & Scorpion Bombs:Biological and Chemical Warfare in the Ancient World［M］.New York:Overlook Duckworth.2003.

［18］KOENING R.The Fourth Horseman:One Man's Secret Campaign to Fight the Great War in America［M］.New York:Public Affairs.2007.

［19］TRIALS K W C.Materials on the Trial of Former Servicemen of the Japanese Army Charged with Manufacturing and Employing Biological Weapons［M］.Moscow:Foreign Languages Publishing House,1950:117.

［20］HARRIS S H.Factories of death:Japanese biological warfare,1932-1945,and American cover-up Revised Edition［M］.NewYork:Routledge,2002.

［21］MOHTADI H,MURSHID A.A Global Chronology of Incidents of Chemical,Biological, Radioactive and Nuclear Attacks:1950-2005［EB/OL］.［2020-12-11］.http://www.ncfpd. umn.edu/Ncfpd/assets/File/pdf/GlobalChron.pdf2006.

［22］CARUS W S.Bioterrorism and Biocrimes:The Illicit Use of Biological Agents Since 1900［EB/OL］.［2020-12-11］.http:www.ndu.edu/centercounter/full_doc.pdf1998.

［23］ATLAS R M.Combating the threat of biowarfare and bioterrorism［J］.Bioscience.1999,49 （6）:465-477.

［24］YOUNT L,SZUMSKI B,BARBOUR S,etal.Fighting bioterrorism［M］.Farmington Hills,Greenhaven Press,2004.

图书在版编目(CIP)数据

生物安全知识 / 顾华,翁景清主编. —杭州 : 浙江
文艺出版社、浙江科学技术出版社,2021.4(2022.3重印)
　ISBN 978-7-5339-6469-6

　Ⅰ.①生… Ⅱ.①顾… ②翁… Ⅲ.①生物工程－安
全管理－普及读物 Ⅳ.①Q81-49

　中国版本图书馆CIP数据核字(2021)第055188号

图书策划　柳明晔
责任编辑　关俊红　张　可　徐　旼　周海鸣　张　雯
责任校对　唐　娇　罗柯娇
责任印制　张丽敏
营销编辑　宋佳音
装帧设计　孙　菁

生物安全知识

顾　华　翁景清　主编

出版　浙江科学技术出版社　浙江文艺出版社
地址　杭州市体育场路347号
邮编　310006
电话　0571-85176953(总编办)
　　　　0571-85152727(市场部)
制版　浙江新华图文制作有限公司
印刷　浙江新华数码印务有限公司
开本　710毫米×1000毫米　1/16
字数　211千字
印张　13.75
插页　1
版次　2021年4月第1版
印次　2022年3月第2次印刷
书号　ISBN 978-7-5339-6469-6
定价　45.00元